# 食品工場の生産性向上とリスク管理

山崎康夫 著
Yasuo Yamazaki

幸書房

# 推薦の言葉

　一般社団法人 中部産業連盟は、1948年の設立以来64年にわたって、コンサルティングをはじめとして、教育研修や公開セミナーなどの事業活動を通して、日本産業界の発展に貢献してきたマネジメント団体です。

　本書の著者が所属する東京本部においても、首都圏を中心として中部圏、近畿圏なども含め約40年間、多くの企業のコンサルティングや教育研修などに従事してまいりました。

　ところで、今日のグローバル競争時代にあって、わが国製造業を取り巻く経営環境は極めて厳しいものがあります。すなわち、円高の定着による生産拠点の海外移管の加速化と国内空洞化の進行、中国や韓国などの新興国の台頭と国内外企業間の競争激化などです。

　また、本書の対象となる食品業界においては、上記の要因に加え、少子高齢化と人口減などによる国内市場の縮小、原材料高、消費者・流通サイドからの食品安全、品質向上、コストダウン要求の圧力の高まりなど、収益を阻害する要因が確実に増えてきております。

　従来、食品製造業界は自動車や電機業界などの他業種に比べて、労働集約的な企業が多いことや、景気の変動に大きく売り上げが左右されないことなどから、生産性向上や品質向上に役立つ5S、VM（目で見る管理＝ビジュアルマネジメント）、IE、QCなど自動車や電機業界が導入しているマネジメント手法の導入を怠ってきた傾向が見られます。

　しかしながら、これからの厳しいグローバル競争時代を生き残り、発展していくためには、他業界が導入して成果を挙げている、上記のようなマネジメント手法を積極的に導入して、改善活動を全社的に展開していくことが必要不可欠です。

　本書の著者である山崎康夫コンサルタントは、中部産業連盟入職以来長年にわたり、自動車、電機、食品などあらゆる製造業種の多くの企業の改善活動を指導・支援してきたベテランコンサルタントであり、特に食品工場に対しては15年間の長きにわたって指導してきた、食品製造業界のトップコンサルタントです。

　今回、食品工場での改善指導の成果をまとめ、世に出すことは、真に時宜を得た出版であると思います。

　本書が多くの読者に読まれ、食品業界の製造業の経営体質の革新・強化の一助にしていただければ真に幸甚です。

　2012年9月吉日

一般社団法人　中部産業連盟<br>専務理事　五十嵐　瞭

## は じ め に

　国内市場の縮小、原材料高、安全性への高い要求などで、食品工場は生き残るために、これまでとは発想を転換して、生産性の向上はもとより新しい品質管理の導入が求められている。マネジメント手法としては、ISO 22000 等取り組まれているところも出始めているが、生産性の向上やクレーム削減へは直接にはつながらない。

　本書は、日本の基幹産業である自動車や電機産業の組み立てラインにおいて、QC 活動や「カイゼン」の経験から生み出され定式化された品質管理と生産性向上手法を、食品工場に合った形で「翻訳」し、タイトルにある「食品工場の生産性向上とリスク管理」の一体的向上を目指そうと企画されたものである。

　本書は、筆者が中部産業連盟のコンサルタントとして指導してきた自動車や電機産業の経験を通じて得たノウハウやテクニックの全てを、15 年間にわたり指導してきた食品工場に置き換えて、現場管理者の方にもわかりやすく紹介したものである。

　高い生産性には大きな品質リスクが伴うが、筆者はこの双方を満足する解になるヒントを本書に記述している。すなわち、徹底した 5S、VM（ビジュアルマネジメント）、品質 KYT（危険予知訓練）、ポカヨケ活動、変化点管理、タートル分析、ワンポイント改善活動、工程分析による生産性向上、ラインバランス改善、設備管理、リスク管理、緊急事態対応、事業継続管理、現場教育などを、個々の食品工場の生産ラインに合った形で導入することを指す。

　食品企業においては、これらの活動がただ単に食品を提供するだけではなく、さらなる付加価値をも生みだすための活動となること、すなわちフードチェーンからバリューチェーンに変革するための手段となることを信じて邁進していけば、きっと永続的に発展を続けられると信じてやまない。

　終わりに、成功事例のご紹介をお許しいただいた、アシードブリュー株式会社宇都宮飲料工場様、株式会社大富士様、厚生産業株式会社様、静岡県畜産技術研究所様、杉本食肉産業株式会社様、株式会社寶屋様、株式会社つかもと様、まかいの牧場様、有限会社マルモ食品工業様、株式会社マルモ森商店様、富士宮市役所食のまち・フードバレー推進室様、株式会社ヤマト食品様には、紙面をお借りして心より感謝申し上げます。

　また、本書の企画と出版にご尽力いただいた、株式会社幸書房の夏野雅博部長をはじめ編集部の皆様にもお礼を申し上げます。

　2012 年 9 月吉日

一般社団法人中部産業連盟<br>山崎　康夫

# 目　次

第1章　生産性とは何か、リスクとは何か······································· 1

 1.1　食品メーカーの生産性における問題点 ································· 1
 1.2　ISO 22000マネジメントシステムの目的 ································ 3
 1.3　食品メーカーのリスク管理 ··········································· 5
 1.4　食品の風評被害リスクについて ······································· 6
 1.5　生産性とリスク管理は両立するか ····································· 9
 1.6　食品工場現場でのVM（目で見る管理）活動 ····························11
 1.7　製造工数低減管理のポイント ·········································13

第2章　食品工場への先端的生産管理および品質管理の導入······················14

 2.1　先端的生産管理システムの体系 ·······································14
 2.2　多能化の必要性 ·····················································17
 2.3　教育訓練計画をVMで運用 ············································18
 2.4　コストダウンには「目で見る管理」が必要 ·····························21
 2.5　「目で見る管理」の有効活用事例 ·····································22
 2.6　食品企業のタイプ別管理ポイント ·····································25

第3章　生産工程の分析と生産変化点の洗い出し································27

 3.1　製品工程分析による改善 ·············································27
 3.2　ワークサンプリング分析による改善 ···································30
 3.3　食品安全ハザードの評価方法 ·········································32
 3.4　生産における変化点管理の考え方 ·····································34
 3.5　変化点管理を危害分析に活用 ·········································35
 3.6　食品危害分析を有効活用 ·············································36

## 第4章　4M＋1Eの変化点と品質管理手法 …… 39

- 4.1　変化点管理の管理手順 …… 39
- 4.2　不良要因は特性要因図でつかむ …… 41
- 4.3　特性要因図の有効活用事例 …… 42
- 4.4　「ポカミス」と「ポカヨケ」 …… 44
- 4.5　ポカミス対策の有効活用事例 …… 46
- 4.6　タートル分析とは …… 47
- 4.7　タートル分析の有効活用事例 …… 49
- 4.8　品質危険予知活動とは …… 50
- 4.9　品質危険予知活動の手法 …… 52

## 第5章　生産性向上のための5SとIE改善手法 …… 54

- 5.1　食品工場にとっての5S活動 …… 54
- 5.2　5S活動の進め方 …… 55
- 5.3　目的指向別改善活動の進め方 …… 59
- 5.4　ワンポイント改善活動の推進 …… 62
- 5.5　段取作業改善の進め方 …… 64
- 5.6　ラインバランス改善の進め方 …… 67
- 5.7　動作経済の原則による作業改善の進め方 …… 69
- 5.8　運搬方法改善の進め方 …… 71
- 5.9　設備点検管理の進め方 …… 74
- 5.10　設備チョコ停・故障管理の進め方 …… 77

## 第6章　マネジメントとしてのFSSC 22000（ISO 22000 ＋ PAS 220） …… 80

- 6.1　食品安全マネジメントシステム規格に期待すること …… 80
- 6.2　ISO 22000（食品安全マネジメントシステム）と5S/VMの関連 …… 83
- 6.3　5S/VMによる効果的な設備・治工具管理 …… 84
- 6.4　5S/VMによる効果的な不適合処置管理 …… 87

- 6.5 清掃・洗浄管理の重要性 …………………………………………………… 89
- 6.6 清掃・洗浄の有効活用事例 ………………………………………………… 91
- 6.7 異物除去の重要性とISOとの関連 ………………………………………… 93

## 第7章 食品工場の緊急事態対応と事業継続管理 …………………………………… 97
- 7.1 食品工場における緊急事態対応とは ……………………………………… 97
- 7.2 地震・停電などへの予防対策 ……………………………………………… 99
- 7.3 地震・停電発生時への対応 ………………………………………………… 100
- 7.4 食品企業の事業継続管理とは ……………………………………………… 102
- 7.5 食品企業ノウハウの流出防止の実態 ……………………………………… 105
- 7.6 ノウハウの流出防止対策 …………………………………………………… 106
- 7.7 リスク管理の実践事例 ……………………………………………………… 108

## 第8章 消費者への目線―不安を取り除くには― …………………………………… 111
- 8.1 食品危害に関するニュースへの対応 ……………………………………… 111
- 8.2 消費者の放射能への不安を取り除くには ………………………………… 113
- 8.3 食品企業の消費者への情報公開 …………………………………………… 116
- 8.4 安全と安心の違いへの対応 ………………………………………………… 117
- 8.5 リスクコミュニケーションの事例 ………………………………………… 119
- 8.6 情報公開とリスクコミュニケーションが欠如すると ……………………… 122

## 第9章 フードチェーンからバリューチェーンへの変革 …………………………… 126
- 9.1 マーケティング3.0の時代 ………………………………………………… 126
- 9.2 近江商人の「三方よし」とポーターの「共有価値」 ……………………… 128
- 9.3 フードチェーンからバリューチェーンへ ………………………………… 129
- 9.4 食品企業にとっての「世間よし」 ………………………………………… 131
- 9.5 食品産業の将来に向けて …………………………………………………… 133

■ 参考文献 …………………………………………………………………………… 135

# 第1章　生産性とは何か、リスクとは何か

　国内市場の縮小、原材料高、安全性への高い要求などで、食品工場はその生き残りにこれまでとは発想を転換して、生産性の向上はもとより新しい要領を得た品質管理の導入が求められている。マネジメント手法としては、ISO 22000等に取り組まれているところも出始めているが、生産性の向上やクレーム削減へは直接にはつながらない。

　本書は、これまで、日本の基幹産業である自動車や電機産業の組み立てラインにおいて、QC（Quality Control）活動の経験から生み出され、定式化された品質管理と生産性向上手法を、食品工場に合った形で「翻訳」し、タイトルにある「食品工場の生産性向上とリスク管理」の一体的向上を目指そうと企画されたものである。

　高い生産性（利益）には大きなリスクが伴い、低い生産性（利益）にはほどほどのリスクが伴う。しかし、リスクを管理しなければ重大なクレームが発生してしまい、利益は失われてしまう。そこで第1章では、生産性とリスクのバランスをどのように取ったらよいかの指針を説明する。

## 1.1　食品メーカーの生産性における問題点

　2008年9月に起きたリーマンショック以来、日本の景気は低迷し、デフレの様相を呈している。食品製造業への影響においても、流通サイドからの食品安全、品質向上やコストダウン要求の圧力が確実に強くなってきている。

　一方、食品製造業においては、労働集約型の産業であるところが多く、機械化され徹底した改善が行われている自動車や電機など他の製造業に比べると、まだまだ品質向上や生産性という点で遅れているところがある。それはひとえに、食品工場の従事者を良い方向へ導くマネジメント力の欠如にあると思われる。したがって、先進的異業種が実施している工場現場のマネジメント力の向上を食品工場に適用することにより、安全安心はもとより、品質向上や生産性向上を達成することが重要である。

　以下に、食品メーカーの主要な課題をまとめてみた（図表1.1）。

　　① 顧客の要求する製品を納期までに提供すること
　　　このことは、食品メーカーでなくとも当たり前のことであるが、特に食品スーパ

**図表 1.1** 食品工場の課題

```
① 顧客の要求する製品を納期までに提供すること
② 所定の品質水準の維持を図ること
   ・品質コスト・不良率低減
③ 生産期間（リードタイム）を短縮すること
   ・リードタイム短縮の効果
④ 原材料・仕掛品・製品の在庫の削減を図ること
   ・原材料在庫、仕掛品在庫、製品在庫の削減
⑤ 人・機械設備を最大限に効果的に活用すること
   ・設備管理　・作業改善　・スキル表　・教育訓練
⑥ 原材料の効果的使用、節約を図ること
   ・5S・VE
⑦ 製造経費の低減を図ること
   ・電気、水、ガス、燃料油などの有効活用
```

食品工場の生産性向上・品質向上

ーやコンビニ等に日配品を納めている会社は、配送時間がある一定時間以上遅れると、ペナルティを科せられる。

② 所定の品質水準の維持を図ること

　異物混入・表示ミス・シール不良等の不良品を納めてしまったら、顧客からクレームが入り、最悪の場合、取引停止になることもある。競争が激しいこの業界で、代わりのメーカーはいくらでもある。

　また、クレームを発生させないためには、最終検査前の工程内の品質を向上させる必要があり、これをもって"所定の品質"と呼んでいる。"所定"という意味は、定められた品質を維持すること、そして異物混入・表示ミス・シール不良等は起こしてはならないが、過剰に検査を実施する必要はないということでもある。

③ 生産期間（リードタイム）を短縮すること

　食品メーカーにとってコストと品質は当然のこと、さらに顧客にアピールできる点としては、リードタイムの短縮という観点がある。リードタイム短縮の効果としては、生産時間が短くなるので鮮度が保てるという点と、製品単位に占める人件費のコストダウンにつながるという点がある。

④ 原材料・仕掛品・製品の在庫の削減を図ること

　原材料在庫、仕掛品在庫、製品在庫を削減するということは、保管費用や金利負担の削減につながるという面もあるが、必要なとき必要な量だけ生産することで、食品の鮮度も向上する。

⑤ 人・機械設備を最大限に効果的に活用すること

　人の最大限の活用は、人件費削減につながり利益を生み出す。特に、食品メーカーは労働集約型の形態が多いので、人のスキル向上や作業改善等がコストダウンの切り札となる。設備は、食品メーカーにとって最も大切な管理項目となり、設備故

障は品質面において異物混入の原因となる。また、設備故障やチョコ停（3～5分以内の設備停止）は納期遅れの直接的な原因となるとともに、設備稼働率の低下を招き、コストアップ要因となる。

⑥　原材料の効果的使用、節約を図ること

原材料の効果的使用とは、すなわち原材料等の歩留まり向上である。食品メーカーにとって、商品におけるコスト比率は、人件費や水道光熱費などより圧倒的に原材料費の比率が高い。原材料の歩留まりを上げることができれば、直接コストに効いてくるので効果は大きい。また包装材においても、段取り替え等で余分に使用する場合があるので、工夫で歩留まりを向上させることができる。

⑦　製造経費の低減を図ること

食品メーカーにとって、他業種と同様に、電気・水・ガス・燃料油などの水道光熱費の経費がかさむ。そのため、これらの経費を削減していく努力は必要である。

以上のような課題に積極的に取り組むことで、利益を上げていくことができる。一方で、食品安全は必ず守らなければならない項目であり、これを極限までつきつめていくことも重要なことであるが、それによってコストが嵩むということも事実である。

例えば、日本の食品メーカーは、検査が過剰ではないかとの意見もある。中国・韓国・東南アジアの食品メーカーは、日本ほど厳重に検査をしていないという話もよく聞く。しかし、日本の消費者が求める以上は、これに対応していかなければならないのであり、食品安全を守りながらコストダウンを図り、生産性を上げていかなければならない。

食品メーカーは、食品安全と生産性を両立させていく必要がある。そのためには、昔から品質と生産性の両立を模索してきた自動車関連や電機関連メーカーなど異業種のマネジメント手法を参考にして、食品工場にその手法を導入すべきである。

具体的な項目としては、徹底した5S、VM（Visual Management（ビジュアルマネジメント）：目で見る管理）、現場で活用する基準・マニュアル、品質KYT（Kiken Yochi Traning: 危険予知トレーニング）、ポカヨケ活動（第2章2.1④）、変化点管理、緊急事態対応、工程分析による生産性向上、リスク管理、現場教育などがあり、これらの手法を食品工場の現場に導入することで、食品安全と生産性を両立させていく手法および導入事例を、本書では紹介していきたい。

## 1.2　ISO 22000マネジメントシステムの目的

ISO 22000が2005年9月に発行されて約7年が経過しようとしている。その間、大手

食品メーカーを中心に ISO 22000 を認証してきたが、現在では中小の食品メーカーにおいても、認証にチャレンジしている。ISO シリーズは、品質／環境／労働安全／情報セキュリティなど各種あるが、HACCP にマネジメントシステムを追加した国際規格が ISO22000 である。

HACCP が各国まちまちな規格であるのに対し、ISO 22000 は流通業界からの世界統一規格の必要性から生まれたと言われている。具体的には、GFSI（Global Food Safety Initiative: 世界の食品流通の 60％を占める大手 48 メンバーで構成）によって構築されるものである。

このような状況の中で、食品製造業や関連企業への流通業界からの食品安全規格導入の圧力が確実に強くなってきている。また ISO 9001 をすでに認証している企業が、ISO 22000 に乗り換える事例がでてきている。昨今、HACCP 取得企業においても多くの食品事故が起こり、消費者の食品業界への不信感は増大している。食品関連企業にとっては、ISO 22000 のマネジメントシステムを導入することにより、食品安全管理を実現し、それが消費者の信頼回復につながっていかなくてはならない。

また ISO 22000 は、食品安全に関するリスク管理そのものである。リスク管理とは、食品製造の全工程にわたって、定常時・非定常時・緊急時をそれぞれ想定して、生物的・化学的・物理的危害を特定して、発生した時の重篤性と発生の可能性を加味して、ある一定のリスク値以下になるように活動していくシステムのことである。

緊急時においては、地震発生による停電、原材料の放射能汚染、近隣のウイルス発生、食中毒の発生など多種多様であるが、これについては発生した時の対応手順と教育を、また発生しないように準備をしておくことが肝要である。定常時・非定常時については、危害分析で危害をリストアップしていくが、実際にクレーム等を分析してみると、危害としてリストアップされているものの、その対策が不十分なところがあったり、また非定常時等においては、当初想定していなかった不具合が原因で事故が発生することもある。

これからの食品メーカーの食品安全対応としては、「ISO 22000 さえ認証すればクレームが削減する」というような幻想は捨て去ったほうがよい。筆者の、食品メーカーにおける指導経験においても痛感することである。これを打破するには、新たな品質管理手法を具体的に ISO 22000 に取り入れる必要があると思われる。新たな品質管理手法としては、食品業界の中だけでなく自動車業界や電機業界などの異業種から、その手法を借用するとよい。

また、HACCP や ISO 22000 を導入したものの管理項目や記録が膨大に増え、生産性が落ちたという話をよく聞く。これは本末転倒であり、いたずらに記録を増やすのではなく、食品安全上や品質管理上から、本当にこの記録は必要なのかを吟味して記録を採用すべき

である。実際に多発しているクレームを解決するための管理がなされているか、その管理に基づく記録が設定されているかという観点に立つと、必ずしもそのようになっていないケースが多くみられる。例えば、クレームもなくリスクも少ない項目の管理および記録を適用している場合がある。そういう意味で、「本来のリスク管理とはどうあるべきか」という議論がもっとなされるべきである。

## 1.3　食品メーカーのリスク管理

前項で、食品メーカーの、リスク管理の矛盾とその問題の現状について述べたが、ここではもう少し詳しく紹介してみたい。

「リスクマネジメント」とは、ハザードをリスクにしないための管理である。「ハザード」とは、健康危害を及ぼすものであるが、HACCPでは「生物的危害：有害微生物による危害」、「化学的危害：化学薬品の混入などによる危害」、「物理的危害：危険異物の混入などによる危害」の3つに要因が分類されている。

一方、「リスク」とは、このハザード（危害の要因）によって生じる健康への悪影響の発生頻度や、発生してしまったときの重篤度の大きさによって決まる（図表1.2）。「リスクアセスメント」（リスクの評価）の結果、重要な管理の対象となると判断されたら、食品関連企業は実際にそのリスクの発生を防止、制御するための活動を行わなければならない。この活動がリスクマネジメントであり、健康危害の発生を防止するための計画を立案（Plan）し、実施（Do）し、見直（Check）し、修正・改善（Action）するPDCAサイクルを回すことになる。

「ハザード」は、同じ食品を製造している企業に共通して存在する危害の要因であり、

**図表1.2　食品安全リスクマップ**

| | | 悪影響の重篤度 | | |
|---|---|---|---|---|
| | | 小（×） | 中（△） | 大（○） |
| 悪影響の発生頻度 | 小（×） | とても小さなリスク | 小さなリスク | 中程度のリスク |
| | 中（△） | 小さなリスク | 中程度のリスク | 大きなリスク |
| | 大（○） | 中程度のリスク | 大きなリスク | 重大なリスク |

【ハザード評価方法】
ハザードの重要性＝「悪影響の重篤度」×「悪影響の発生頻度」
・悪影響の重篤度　　：大＝○、中＝△、小＝×
・悪影響の発生頻度：大＝○、中＝△、小＝×

このハザード自体をゼロにすることはできない。これに対し「リスク」は、これらのハザードを適切に管理することによって事故の発生を未然に防止、もしくは制御することにより、「リスク」を小さくすることが可能である。すなわち、品質管理レベルが高い企業と低い企業では、同じ危害が存在したとしても「リスク」の大きさが異なるということであり、この「リスク」をいかに小さくして食品事故の発生を防止するかということが「リスクマネジメント」である。

食品のリスクマネジメントとして、「ハザード」は社会環境の変化に応じて常に変化するので、常に「食の安全」にかかわる情報の収集に努めることが重要である。最近の事例だと、東日本大震災の影響により発生した福島原発の事故による「放射能汚染」が相当する。筆者の指導している食品企業においても、放射能汚染について「ハザード」として追加してリスク評価し、対応しているところがいくつかある。これらの企業はISO 22000を認証取得しており、危害分析についても対応措置を構築しているが、実際に放射能汚染に対する風評被害のリスク対応として、自ら放射能測定を実施している。

## 1.4　食品の風評被害リスクについて

福島第一原発の事故が原因で、食品に直接的な放射能被害を起こしているのは事実であるが、その風評被害が食品業界にとって大きな問題を巻き起こしていることも事実である。リスクとは、実際の食品事故を想定するものであるが、食品業界の場合は風評被害も視野に入れてリスク対応する必要がある。以下に、食品の風評被害のリスクについて述べていきたい。

経済産業省によると、原発事故を受け、2012年1月現在、米国や中国などの国・地域が、日本製品を積んだ船舶の入港時に、製品やコンテナの放射線量を検査したり、基準を引き上げるなどの規制を実施している。規制によって輸入が停止する事態は報告されていないが、風評被害が広がれば、売り上げが落ち込むのは避けられない。このため、全国の商工会議所は、輸出時の証明書に放射線量を記入する欄を設けるなど、対策に乗り出している。

中国の国家品質監督検査検疫総局は、日本産食品の輸入規制措置を2012年8月現在、10都県について規制している。しかし、その10都県を除いた37道府県については、全輸入食品に課していた放射性物質の安全検査の合格証明書の添付義務を加工食品などで緩和し、乳製品や野菜、果物、茶葉、水産物などの生鮮食品に限定して規制するなど、徐々に規制を緩めている。しかし筆者が相談を受けた事例だと、表向きは規制になっていない地域の食品業者でも、風評被害により中国に出荷できない状況になっている例もある。

また、フランス競争消費違反取締総局（DGCCRF）が、「パリの空港に到着した静岡茶

から、EUの基準値（500 Bq/kg）を超える放射性セシウムが検出された」と2011年6月に発表した件については、静岡県にて、茶生産者、輸出事業者に出荷自粛と自主回収を要請した。静岡茶の2011年の売上高は、昨年対比で2〜3割も落ちたと言われており、海外輸出も含め風評被害が落ち着くことを見守っているところである。

一方、大手スーパーは、東日本大震災の被災地の農産物などを低価格で販売する「応援セール」を相次いで行う動きが震災直後に見受けられた。百貨店や大手スーパーが、「頑張ろう東北フェア」などで、風評被害に苦しむ福島県やその近辺の県の、野菜農家や加工食品メーカーを応援する動きである。また公的な支援の動きとしては、経済産業省が東日本大震災による被害を受けた地域の復興・振興を目的として、地域産品のPR・販路開拓等を実施している。筆者は、これらの風評被害に対して、以下の方策を推奨する。これらの対策は、実際に多くの食品メーカーで実施されている項目でもある。

① 厚生労働省や地方行政の放射能測定情報にアンテナを張っておく。

多くの行政機関において放射能測定のデータが公表されている。例えば、静岡県では、神奈川県の茶葉で放射能汚染が検出されたのち、茶葉と飲用茶の放射能測定データをホームページで公表している。そして2012年1月時点において、静岡県経済産業部 農林業局 茶業農産課が、「静岡県茶業研究センターの研究成果に基づく茶園管理の徹底を広く県内生産者に指導したところ、静岡茶から検出される放射能レベルは大幅に低下している」というデータを公開しており、消費者に安心感を与えている（図表1.3）。食品企業は、これらの放射能測定情報に常にアンテナを張っておくべきと考える。

② リスクがたいへん大きいと思われる場合は、食品の放射線量を自社の放射能測定器で測定する。食品企業の中でも放射能汚染のリスクが高いと考えられるところでは、自ら高価な放射能測定器を購入して放射能測定を実施している。放射能測定器

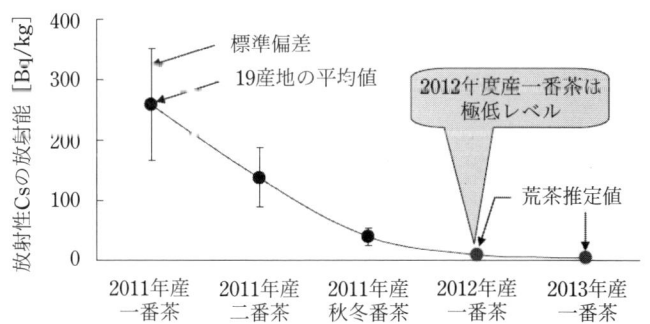

図表1.3　静岡県内19茶産地のセシウム濃度推移

＊静岡県 経済産業部 農林業局 茶業農産課のデータより抜粋（2012年1月時点）

の販売メーカーの中には、放射能測定の無料講習会を実施しているところもあり、正しい知識をもって測定するということも大切なことである。

③ リスクが通常と変わらない場合は、放射能測定機関に定期的に測定を依頼する。

この報告書が、該当食品が汚染されていない証拠となる。リスクが通常の場合、自社で400万円以上もする高額な測定器を購入せずに、公共または民間の測定機関に依頼するという選択肢も十分に考えられる。外部での検査は、自社で測定するよりも顧客に信頼を提供することができるのも利点の1つである。

事例：茨城県の食品メーカーの測定依頼結果（図表1.4）

④ 主要取引先に、放射能測定データを説明する。

すでに主要取引先から、放射能データの提出要請が来ている食品メーカーは多くある。仮に、要請がまだ来ていないとしても、自社でデータを用意して主要顧客に説明をすれば、信頼感を得ることができる。

⑤ 自社のホームページで放射能測定データを公開する。

放射能測定結果について、自社のホームページで公開している企業が見受けられる。これは一般消費者に安全を公開することになり、中には測定している様子を公開しているホームページもある。例えば、コカコーラ社は、東日本大震災に伴う福島第一原子力発電所の事故後、放射能測定装置を2台導入して、海外の検査機関によるトレーニングを受けた社員が測定に当たっている様子を公開している。

**図表1.4　放射能測定結果報告書サンプル**

平成23年3月24日ご依頼の以下の試料の測定結果についてご報告いたします。

1. 試　料

| 試料名 | さつまいも |
|---|---|
| 採取場所 | — |
| 採取日時 | — |
| 採取者 | — |

2. 測定日時

平成23年3月26日　7時22分

3. 測定結果

| 測定項目 | 測定結果 | 暫定規制値 |
|---|---|---|
| 放射性ヨウ素<br>(I-131) | 検出されず | （参考値 2000Bq/kg）* |
| 放射性セシウム<br>(Cs-134、136、137の総量) | 検出されず | 500Bq/kg |

注記）*食安発0317第3号において、野菜類のI-131の暫定規制値は2000Bq/kgとなっていますが、根菜、芋類を除いているため参考値として記載します。

検出下限値：放射性ヨウ素（＜48Bq/kg）、放射性セシウム（＜54Bq/kg）

⑥ 業界団体や自治体に、安全性データの公表を働きかける。

　自社のホームページで安全性データを公表することに加えて、できれば業界団体や自治体に、安全性データの公表を働きかけるとよい。

⑦ 輸出が伴う場合は、段ボールやパレットの放射線量を測定する。

　前述したように、諸外国はいまだに東北地方を中心とした地域の農産物や加工食品に対して、輸出規制をしているところもある。また、それ以外の地域についても、放射能データ証明書を義務付けているところもある。そのような諸外国の港においては、陸揚げ前に放射線量を測定しているところが多い。したがって、日本から輸出する場合には、輸出品だけでなく、付随する物品についても必ず放射線量を測定してデータを確認しておく必要がある。

このように、食品の風評被害については、細心の注意を払って対応する必要がある。

## 1.5　生産性とリスク管理は両立するか

　ここでは、食品メーカーにおける生産性とリスク管理は両立するか、ということについて考えてみる。これを議論するうえで必要な考え方が、「品質コストマネジメント」である。この「品質コストマネジメント」において実際に管理される「品質コスト」は、以下の4種類に区分される。

1. 予防コスト：品質上の欠陥が発生するのを早い段階から防止するためのコスト
　　　例：品質管理、納入業者の評価、設備保守、製造工程技術、品質訓練など
2. 評価コスト：製品や部品の品質を評価して品質レベルを維持するためのコスト
　　　例：購入原材料の受入検査、工程内検査、製品検査、出荷前の再試験など
3. 内部失敗コスト：品質問題が出荷前に発見された場合の処理に関する損失コスト
　　　例：廃棄物処理、再作業、原材料の調達、工場との技術的交渉など
4. 外部失敗コスト：品質問題が市場で発生した場合の対応や処理に関する損失コスト
　　　例：苦情処理、製品サービス、製品リコール、売上の減少、市場シェアの減少など

　消費者の視点で食品を見た場合、一般的にクオリティが高いものは価格も高く、反対にクオリティが低いものは価格も安い傾向にあるとしている。これを食品企業側から見ると、品質（クオリティ）を高めると原価（コスト）は上がり、逆に品質を下げれば原価も下がる、ということになる。すなわち伝統的な品質原価計算の考え方は、失敗コストと予防・評価コストは、トレードオフのバランス上で最適水準が存在するとしている（図表1.5）。

**図表 1.5** 品質コストの考え方

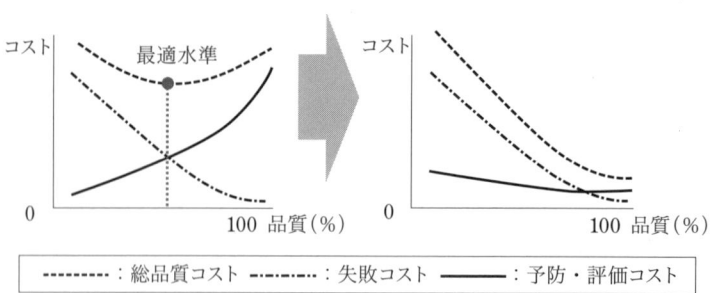

出典：長沢伸也「品質原価計算とゼロエミッション」『品質管理』50巻6号、1999年

　しかし、短期的な品質管理技法でしかなかった品質原価計算は、高品質と原価低減の同時達成という考え方の提唱によって、TQM（Total Quality Management：総合的品質管理）志向に基づく、長期的で全社的な戦略的コストマネジメントに進化を遂げた。すなわち、トータル・コストが最低になるのは無欠陥であり、適切に予防コストに重点を置くことにより、高品質と品質コストの低減（利益の増加）を同時に達成できると述べている。高品質と原価低減を同時に達成する手法がTQMであり、高品質の追求が品質コストの低減につながるとしている。

　さて、食品工場における品質については上記の議論も成立すると思われるが、こと食品安全リスクについては、伝統的品質原価計算の関係グラフが適用されると思われる。それは、図表1.2に示した「食品安全リスクマップ」による「とても小さなリスク」まで徹底的な対策をとってしまうとコストの上昇を生んでしまい、現実的ではないからである。すなわち食品企業におけるリスク管理は、失敗コストと予防・評価コストがトレードオフ関係で、最適水準が存在するとして、そのためにリスクマネジメントを実施するのである。

　今や食品企業にとっては、コストダウンが大きな課題であるが、生産性向上を図る上で、品質予防コストと品質評価コストに手をつけることを考えるのは間違いである。もちろん、品質やリスクに必要なコストはかけるべきであり、過剰な予防や評価はすべきではない、ということである。

　では、生産性向上と品質リスクの関係は、どこに接点があるのであろうか？　食品工場では、これはまさに表裏一体であり、両立するものである。具体例を以下に挙げてみたい。

　ある食品工場の充填機の事例を紹介しよう。充填機は洗浄時に分解するわけであるが、その分解時にネジなどの部品を決められた位置に並べることにより、部品が紛失しないよう、また紛失してもすぐ気付くことができ、異物混入の防止となる。このネジの定置化に

 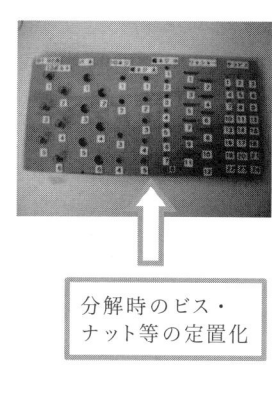

分解時のビス・ナット等の定置化

**写真 1.1**　リスクと生産性の両立

は、ポリウレタンシートを使用している。これは、異物混入の品質リスク対策である。また、ネジを順番に並べているために、組立時の作業性改善にもなっているので生産性向上にもつながる（写真 1.1）。

また、設備改善についても同じことが言える。設備や棚の下部（床との隙間）を清掃しやすくするために脚を上げることは、清掃しやすくするという生産性向上につながるとともに、残渣による昆虫の内部発生防止にもつながり、品質リスクの対策となる。

## 1.6　食品工場現場でのVM（見で見る管理）活動

生産性とリスク管理の両立で必要なことは、VM（ビジュアルマネジメント）という手法の活用である。VMは"目で見る管理"ともいい、食品工場の生産現場の全員が、生産性向上やリスク管理を認識でき、自らが活動できる道具立てである。

食品工場現場におけるVMの本質としては、歩留まり向上など生産性向上がわかる、不良やクレームがわかる、その再発防止対策がわかる、異物混入の予防活動の計画がわかる、トレーサビリティがわかる…など、現場作業者にもPDCAを見えるようにして改善を図る手法である（図表1.6）。

製造部門の生産性向上を推進する手段としては、製造工数低減管理と不良低減／歩留率向上管理を挙げることができる。ここで工数低減を具体的に実施するためには、生産進度管理、人員配置管理、段取作業管理などが重要なポイントとなる。また不良低減／歩留向上を具体的に推進するためには、生産ラインでの異常発生管理、設備点検管理、不良品処理管理などが重要なポイントとなる。

上記の管理を推進するVMの道具立てとしては、生産進度管理板、人員配置板、段取

**図表 1.6** VM（見える化）を導入した食品製造現場

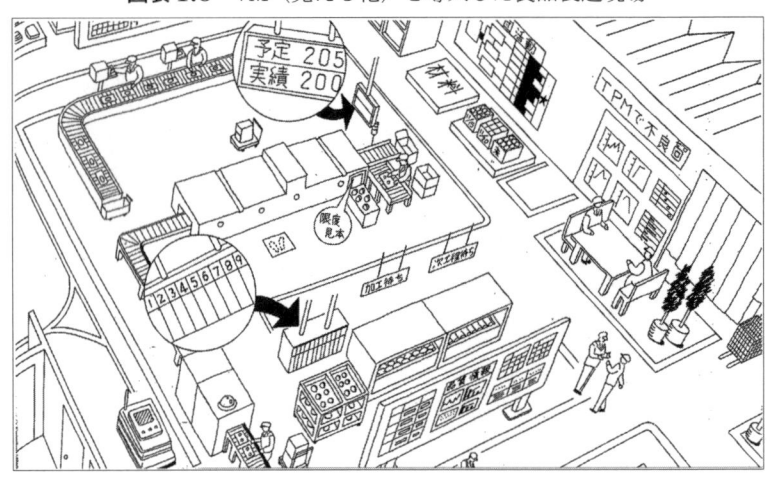

改善管理表、設備点検年間計画表、設備問題点対策管理表、不良品問題点対策管理表などがあり、これらについてPDCAを回して管理していくとよい。

具体例として、岐阜県にある粉体漬物の素で日本一のシェアがある厚生産業（株）は、食品製造業でVM活動を積極的に活用して、食品安全・品質・生産性向上に効果を上げている。「日本の伝統食を、よりおいしく、より簡単に」をモットーに人気商品の「なす漬けの素」、「麹漬けの素」などを、全国の全農（JA）で販売している。

筆者の所属する中部産業連盟は、同社においてVM活動を支援してきた。本社工場の「漬物の素」の混合・充填ラインのVMボードの事例を紹介する。写真1.2は、この職場のリーダーとメンバー全員で、VMボード前で朝礼を実施しているところである。昨日発生した問題点や生産についての作業前確認を行うことにより、全メンバーのコミュニケーションを活発にして、食品安全や生産性向上を達成している。製造現場において、常に問

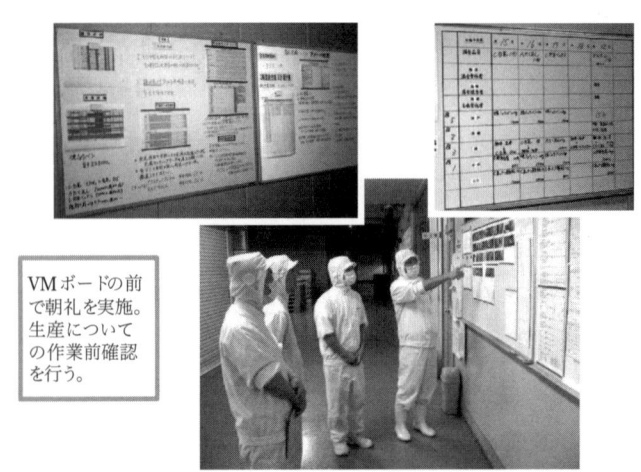

VMボードの前で朝礼を実施。生産についての作業前確認を行う。

**写真 1.2** 食品工場現場でのＶＭ活動

題点が"見える"ことで、全員の意識が集中するという効果がある。

## 1.7 製造工数低減管理のポイント

工数低減管理とは、物作りを人の手で行っている場合において、製品の加工などの1単位当たりの仕事をどれ程の時間（工数）でなし得るかを検討し、単位仕事当たりの工数を低減させる対策を立てて実施し、その結果、生産性向上を図っていくことである。付加価値を生む作業の改善では、作業そのものの改善、作業方法の改善などを行って、単位仕事当たりの工数を低減させる効果がある。また、付加価値を生まない作業の改善では、段取時間短縮やムダ、不要な作業を排除し、工数を低減させる効果がある。

現場では、標準作業方法どおりに作業していない、標準作業方法が悪い、あるいは確立していないなどの主体作業のムダや、作業者が運搬している、保管方法・レイアウトが悪いことなどによる運搬のムダ、さらに原材料待ち、作業指示待ち、不良品のムダなど多くの「ムダ」が発生している。工数低減管理は、現場で発生しているムダを取り除く改善として有効なものである。

実際にVMを活用した工数低減推進は、工数低減目標管理表でPDCAを回し、工数低減推移グラフでその実績を管理し、問題が発生した場合は、問題点対策管理表で検討するとよい（図表1.7）。VM活動については、次章以降に詳細を述べる。

**図表 1.7 製造工数低減推移管理**

| 工数低減推移グラフ(全体) | | | | | | | | | | | 管理者：製造課長 |
|---|---|---|---|---|---|---|---|---|---|---|---|
| 製品1個当たり生産工数 | | | | | | | | 目標：4.2分 | | | |
| 日 | 3 | 4 | 5 | 6 | 7 | 10 | 11 | 12 | 13 | 14 | |

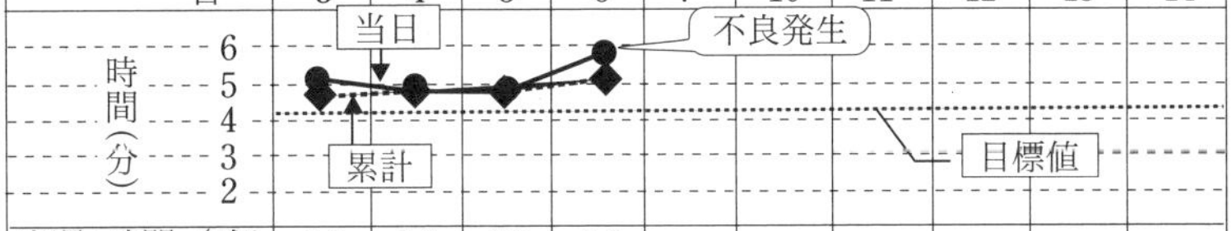

当日／不良発生／累計／目標値

| 当週：時間／1個 | 5.1 | 5.0 | 4.9 | 5.9 | | | | | | |
| 累計：時間／1個 | 4.9 | 4.9 | 4.9 | 5.1 | | | | | | |

＊PDCAを回すことがポイント

| 問題対策管理表 | 作成3月7日 |
|---|---|
| 担当：製造課長 | |
| 問題 | 新製品キムチ漬けに不良発生 |
| 原因 | 作業標準の不備<br>指導も不徹底 |
| 対策 | 作業標準見直し、教育<br>・作業改善<br>　3月7日まで<br>・標準書見直し<br>　3月7日まで<br>・教育<br>　3月8日 |
| フォロー | 3月7日、14日 |

| 改善実行管理表 | | 管理者：製造課長 | |
|---|---|---|---|
| 工数低減 | | 目標：4.2分 | |
| 課題 | 担当 | 納期 | 進捗・問題・対策 |
| 作業改善 | 山田 | 3月10日 | |
| 運搬改善 | 佐藤 | 3月15日 | |
| レイアウト改善 | 佐藤 | 3月15日 | |

# 第2章　食品工場への先端的生産管理および品質管理の導入

　第2章では、先端的生産管理システム（品質管理を含む）の体系を説明するとともに、食品企業における先端的生産管理、および品質管理手法の導入の必要性と、その基礎的な活動の重要性について述べる。また異業種での生産・品質管理手法の適応から、食品企業における生産タイプ別の生産・品質管理手法の導入方法についても述べてみたい。

## 2.1　先端的生産管理システムの体系

　筆者が食品工場に行くと、まだ多くのムダが見受けられるところが多い（図表2.1）。先進的異業種では、当然改善済みで見られないようなムダも多い。これらのムダが原因となって、品質向上やコストダウンの目標が未達成となっているのである。前章では、先進的異業種が実施している工場現場のマネジメント力の向上を食品工場に適用することにより、安全安心はもとより、品質向上や生産性向上を達成することについて記述した。本章では、これらのムダを撲滅するために"先端的生産管理システムの体系"（図表2.2）を説明する。
　食品製造業は労働集約型の産業であり、自動車や電機など他の製造業に比べると、特に

**図表2.1**　生産現場のムダと問題点

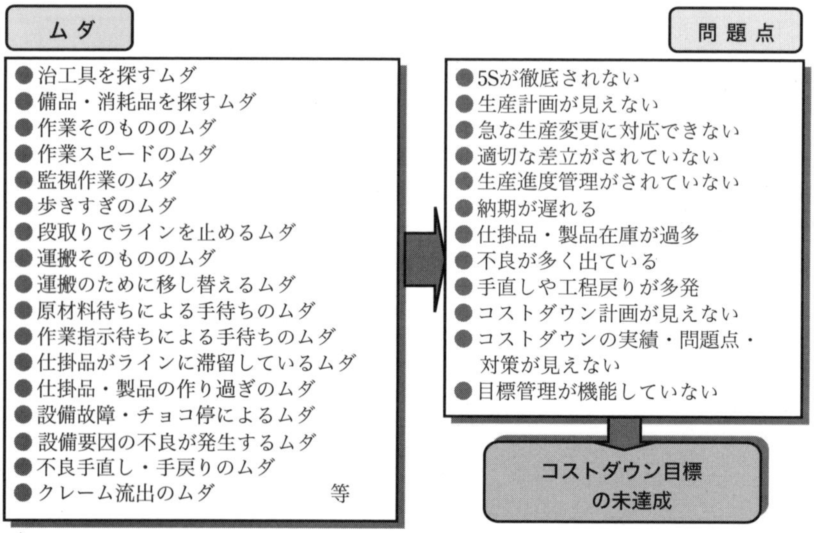

| ムダ | 問題点 |
|---|---|
| ●治工具を探すムダ<br>●備品・消耗品を探すムダ<br>●作業そのもののムダ<br>●作業スピードのムダ<br>●監視作業のムダ<br>●歩きすぎのムダ<br>●段取りでラインを止めるムダ<br>●運搬そのもののムダ<br>●運搬のために移し替えるムダ<br>●原材料待ちによる手待ちのムダ<br>●作業指示待ちによる手待ちのムダ<br>●仕掛品がラインに滞留しているムダ<br>●仕掛品・製品の作り過ぎのムダ<br>●設備故障・チョコ停によるムダ<br>●設備要因の不良が発生するムダ<br>●不良手直し・手戻りのムダ<br>●クレーム流出のムダ　　　　　等 | ●5Sが徹底されない<br>●生産計画が見えない<br>●急な生産変更に対応できない<br>●適切な差立がされていない<br>●生産進度管理がされていない<br>●納期が遅れる<br>●仕掛品・製品在庫が過多<br>●不良が多く出ている<br>●手直しや工程戻りが多発<br>●コストダウン計画が見えない<br>●コストダウンの実績・問題点・対策が見えない<br>●目標管理が機能していない |

→ コストダウン目標の未達成

第2章　食品工場への先端的生産管理および品質管理の導入

**図表2.2　先端的生産管理システムの体系**

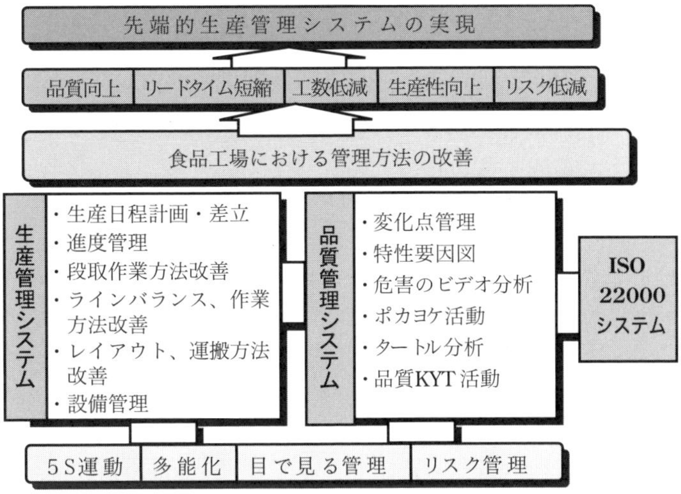

```
          ┌─────────────────────────────────┐
          │    先端的生産管理システムの実現    │
          └─────────────────────────────────┘
                          ▲
  ┌──────┬──────────┬────────┬────────┬──────┐
  │品質向上│リードタイム短縮│工数低減│生産性向上│リスク低減│
  └──────┴──────────┴────────┴────────┴──────┘
                          ▲
          ┌─────────────────────────────────┐
          │    食品工場における管理方法の改善   │
          └─────────────────────────────────┘

 ┌──────┐  ┌──────────┐  ┌──────────┐  ┌────────┐
 │生産管理│  │・生産日程計画・差立│ │品質管理│・変化点管理   │  │ ISO    │
 │システム│  │・進度管理        │ │システム│・特性要因図   │  │ 22000  │
 │      │  │・段取作業方法改善 │ │      │・危害のビデオ分析│ │システム│
 │      │  │・ラインバランス、作業│ │      │・ポカヨケ活動  │  │        │
 │      │  │  方法改善        │ │      │・タートル分析  │  │        │
 │      │  │・レイアウト、運搬方法│ │      │・品質KYT活動  │  │        │
 │      │  │  改善           │ │      │              │  │        │
 │      │  │・設備管理        │ │      │              │  │        │
 └──────┘  └──────────┘  └──────────┘  └────────┘

   ┌──────┬──────┬──────────┬──────┐
   │5S運動│多能化│目で見る管理│リスク管理│
   └──────┴──────┴──────────┴──────┘
```

人の手による生産性のウエイトが大きい。そこで生産管理システムとして、生産日程計画・差立、進度管理、段取作業方法改善、作業方法改善、運搬方法改善、設備管理の6つを挙げてみた。詳細については別章で述べるが、ここでは概略を説明する。

① 生産日程計画・差立：段取作業および切替え作業が最短になるような効率的な生産日程計画を立案し、作業者が誰でもわかるように作業指示を行う。

② 進度管理：生産日程計画・差立により作業をした結果、作業計画に対する実績時間をわかるようにして、遅れが生じている場合は、その対策を行う。

③ 段取作業方法改善：多品種少量生産における、製品の切替え時間や機械部品等の洗浄時間の短縮を"段取工程分析"を利用して、生産性の向上を図る。

④ ラインバランス、作業方法改善：食品製造におけるラインの流れについて"ラインバランス分析"を利用して改善を図る。また手作業において、"動作経済の原則"を利用して、生産性の向上を図る。

⑤ レイアウト、運搬方法改善：原材料・仕掛品・製品が安全に効率良く流れるために、レイアウト改善を含めた運搬方法を"運搬工程分析"を利用して見直すことにより生産性の向上を図る。

⑥ 設備管理：食品機械の日常点検や定期点検を行うことにより、予防保全を実施し、設備異常をなくすことにより、品質の安定、生産性の向上を図る。

また、品質管理システムとして、変化点管理、特性要因図、危害のビデオ分析、ポカヨケ活動、タートル分析、品質KYT（危険予知トレーニング）活動の6つを挙げた。詳細については別章で述べるが、ここでは概略を説明する。

① 変化点管理：Man（人）、Machine（設備・機械・治具）、Material（原材料、包装材）、Method（方法、技術、ノウハウ）、Environment（環境）等の変化を管理することにより予防的な処置を行い、品質を向上させる。
② 特性要因図：5M（人、モノ、カネ、方法、機械）などでグループ化して要因を挙げていくことで問題点や意見を分類し、そこから重点を絞り込むことで真の原因を導き出して予防的な処置を行うことにより品質を向上させる。
③ 危害のビデオ分析：代表的な食品の危害である異物混入について、工程を追ってビデオ撮影を行い、どこで異物が混入するのかを分析することで品質を向上させる。
④ ポカヨケ活動："ポカヨケ"とは、人の作業の「つい、うっかり」（ポカミス）を防止する（ヨケる）ことで、そのためにハード面やソフト面において強制的機構を設置したり、注意喚起の表示を行うことにより、人的要因の品質不良を低減させる。
⑤ タートル分析：タートル分析は、プロセスの運用状況とパフォーマンスを監視して、改善を行うために用いられるもので、インプット、アウトプット、パフォーマンス指標とともに、「誰が？」「何を用いて？」「どのように？」の3つの質問に対して項目をリストアップし、その中で主要因を特定することにより、複合的な解決策を導き出して品質管理を向上させる。
⑥ 品質 KYT 活動：品質危険予知訓練活動とは、管理者が食品製造現場を巡回することにより、その中で各種危害を発見した時に写真やビデオなどで撮影し、それを現場監督者に見せることにより品質危険予知能力を育成する。

以上のような、生産管理システムと品質管理システムに加えて、第1章で述べたようなISO 22000 という食品安全マネジメントシステムを加えることにより、食品工場における品質向上、リードタイム短縮、工数低減、生産性向上、リスク低減を図ることができる。

しかし、これらの活動だけでは、改善はうまくいかない。基礎的な活動があって初めて生きてくるのである。この基礎的活動には、5S活動、多能化、目で見る管理、リスク管理などがあり、これらについてまず最初に取り組むことを推奨する。

① 5S活動：5S（整理、整頓、清掃、清潔、躾）活動は、改善活動の基本であり、従業員の質の向上にも効果がある。5S は食品工場の生産活動や工場改善の基礎条件として、必要不可欠であることは言うまでもない。詳しくは、第5章で解説する。
② 多能化：トヨタ自動車（株）の「ジャストインタイム」生産の"多工程持ち"、または"少人化"を実現するためには社員の多能化が前提となる。多能な社員養成の手順としては、現状の作業者スキルをスキルマップで業務別・工程別に明らかにし、教育訓練計画表を使って各社員の目標を設定し、教育スケジュールを作成する。

また、定期的に多能化達成状況を発表し意識を高めていく。(次項で詳述する)

③ 目で見る管理：目で見る管理とは、すべての部門にVM（Visual Management）の道具立てを整備して、異常、ムダ、問題点を一目でわかるような状態にし、管理・監督者がタイムリーに適切なアクションを取っていくことができる管理手法である。すなわち、PDCA（Plan-Do-Check-Action）の管理サイクルを回しながら日常の管理・改善活動を展開し、改善・改革を図っていく管理のやり方のことである。これについては、各章で解説している。

④ リスク管理：リスク管理とは、ハザードをリスクにしないための管理である。ハザードとは幅広く、経営全般に影響する震災対応のような事業継続管理から、食品工場におけるHACCP管理（生物的危害、化学的危害、物理的危害から重要管理点を導き、発生した場合の対応と予防的管理を実施する管理）まである。詳しくは、第7章で解説する。

これらの基礎的活動がしっかりできてこそ、食品工場にとって先端的生産管理システムが構築できるのである。

## 2.2 多能化の必要性

ここでは、多能化について説明する。食品製造業は労働集約型の産業であり、自動車や電機など他の製造業に比べると、特に人の手による生産性のウエイトが大きい。しかし、これらの先進的異業種が実施している多能化について、食品製造業においてはマネジメント項目として遅れていることが否めない。ここでは、中小食品製造業においても効果的に導入できる手法を紹介したい。

多能化は、物を作る楽しさや創造の喜びの復活、自己の能力の向上に通じるものであり、「生産性と人間性の融合」からなる真の生産性向上に貢献するものと考えられる。そのために、食品企業も従業員の教育体制を積極的に整えることが大切となる。多能化が必要なのは、何も生産部門の作業者に限られた話ではない。管理・間接部門においても多能化を推進して多能社員を増やし、少数精鋭体制を実現して人の効率的活用を図っていくべきである。多能化により、以下のメリットが期待できる。

① 1人で多業務・多工程を受け持てるようになり、業務・作業の流れの効率化が実現できる
② 仕事量に対する能力のアンバランスを解消できる（平準化の推進）
③ 欠勤やある業務・工程の遅れによる納期遅延を軽減できる
④ 助け合いによって職場のチームワークの向上が図れる

⑤　社員の潜在能力を発掘できる
⑥　業務・工程の標準化・簡素化を促進できる
⑦　改善提案件数を増大させることができる

## 2.3　教育訓練計画を VM で運用

多能化を推進する場合の手順とポイントは、以下の通りである。

①　多能化の意義／目的を経営者や管理・監督者は十分理解するとともに、従業員に対しても周知徹底させる。なぜ多能化が必要なのかという啓蒙教育を実施する。
②　職場で必要な業務・作業名、技能、知識をリストアップする。その際、マニュアルのあり・なしも記入する。
③　業務・作業名、技能、知識と社員の現状のスキルレベルを記入する（図表2.3）。

**図表 2.3　スキルマップ**

製造部　スキルマップ

マニュアル：あり=○　要修正=△　なし=×　必要なし= －　網点：教育させたいもの
スキル：◎=指導可（1.2）　○=一人で可（1.0）　△=補助要（0.5）　無印=できない（0）　/= 当面必要なし

| | 業務内容 | マニュアル | 山崎 | 伊東 | 鈴木 | 川口 | 山田 | 清水 | 合計 | 教育 優先度 | 担当者 |
|---|---|---|---|---|---|---|---|---|---|---|---|
| 炊飯 | 連続炊飯器の操作 | ○ | ◎ | ○ | △ | △ | | | 3.2 | | |
| | 連続炊飯器の洗浄 | × | ◎ | ○ | ○ | ○ | △ | | 4.7 | | |
| | 自動洗米機の操作 | △ | ○ | △ | △ | △ | / | | 2.5 | 優先 | 伊東 |
| | 自動洗米機の洗浄 | × | ◎ | ○ | ○ | ○ | | | 4.2 | | |
| | 飯盛り機の操作 | － | ◎ | △ | / | / | / | | 1.7 | 優先 | 伊東 |
| | 水質管理 | | ◎ | ○ | △ | △ | △ | | 3.7 | 優先 | 鈴木 |
| | 米の管理 | | ◎ | ○ | ○ | ○ | | | 4.2 | | |
| | ボイラーの管理 | | ○ | △ | △ | △ | / | | 2.5 | | |
| 盛付 | 1品盛付 | | ◎ | ◎ | ○ | ○ | ○ | △ | 5.9 | | |
| | 2品盛付 | | ◎ | ◎ | ○ | ○ | △ | ○ | 5.7 | | |
| | お玉での惣菜盛付 | | ◎ | ◎ | ○ | ○ | △ | △ | 5.4 | | |
| | 弁当の蓋閉め・検査 | | ◎ | △ | ○ | △ | △ | | 3.7 | 優先 | 伊東 |
| | 食材の準備 | | ◎ | ○ | △ | ○ | △ | | 4.2 | | |
| | 容器・包装材の準備 | | ◎ | ○ | △ | △ | △ | | 3.7 | | |
| | 見本作り | | ◎ | ◎ | ○ | ○ | ○ | △ | 5.9 | | |
| | ◎の数＊1.2 | | 24 | 4 | 0 | 0 | 0 | 0 | | | |
| | ○の数＊1.0 | | 2 | 14 | 11 | 8 | 2 | 1 | | | |
| | △の数＊0.5 | | 0 | 2 | 5 | 6.5 | 5.5 | 2 | | | |
| | 点数合計（a） | | 26 | 20 | 16 | 14.5 | 7.5 | 3 | 87.0 | | |
| | 業務数 | | 22 | 22 | 21 | 21 | 15 | 15 | | | |
| | 業務数×1.2（b） | | 26.4 | 26.4 | 25.2 | 25.2 | 18 | 18 | 139.2 | | |
| | （3月末）多能化率（a/b） | | 98% | 75% | 63% | 57% | 41% | 16% | 平均62% | | |
| | （来年3月末）目標多能化率 | | 99% | 79% | 67% | 61% | 47% | 22% | 平均66% | | |

社員のスキルレベルについては、管理・監督者が評価したあと、社員一人ひとりと話し合って決めるとよい。

④ 職場における必要性、経験年数、スキルの度合い、特性、希望などを総合的に判断して、個人ごとに習得対象とする業務・作業、技能、知識などを決定してスキルマップに記入する。

⑤ 現状の多能化率を個人別、職場別に算出してスキルマップに記入する。多能化率は

$$\text{スキルレベルの数値合計} \div \{(\text{対象業務・作業、技能、知識の全項目数}) \times \text{レベル数値の最大値}\}$$

として求める。

⑥ 個人別に「いつまでに、何を、どのくらいのレベルまで習得するか」を決めて目標多能化率を算出し、スキルマップに記入する。

⑦ スキルマップを作成したら、誰が、誰に、何を、いつまでに、どのようにして教えていくかという教育訓練計画表を作成する（図表2.4）。教育訓練計画表は多能化の目的と現状の不足スキルを考慮した上で優先順を決めていくが、人材育成の視点も考慮するとよい。

⑧ 業務（作業）手順書、マニュアル、テキストなどを作成し、指導者が訓練を実施してスキルアップを図っていく。

⑨ 管理・監督者は、進行管理を行って計画通りに実施していく。

このように、スキルマップと教育訓練計画表を目で見えるようにすることにより、その部署のスキルのレベルアップが図られ、日常業務管理において効果的に推進することが可

**図表2.4 教育訓練計画表**

| No | 業務内容 | 氏名 | 指導者 | 現状 | 目標 | | 4月 | 5月 | 6月 | 7月 | 8月 | 9月 |
|---|---|---|---|---|---|---|---|---|---|---|---|---|
| 1 | 炊飯・自動洗米機の操作 | 伊東 | 炊飯L | △ | ◎ | 計画<br>実績 | | | | | | |
| 2 | 炊飯・飯盛り機の操作 | 伊東 | 炊飯L | △ | ◯ | 計画<br>実績 | | | | | | |
| 3 | 炊飯・水質管理 | 鈴木 | 炊飯L | △ | ◯ | 計画<br>実績 | | | | | | |
| 4 | 盛付：2品盛付 | 山田 | 盛付L | △ | ◯ | 計画<br>実績 | | | | | | |
| 5 | 盛付：弁当の蓋閉め・検査 | 伊東 | 盛付L | △ | ◯ | 計画<br>実績 | | | | | | |
| 6 | 盛付：食材の準備 | 山田 | 盛付L | △ | ◯ | 計画<br>実績 | | | | | | |
| 7 | 盛付：見本作り | 清水 | 盛付L | △ | ◯ | 計画<br>実績 | | | | | | |

製造部 教育訓練計画表　期間：XX年4月～XX年9月　承認：加藤課長　作成：係長

【スキル度】◎=指導可(1.2)　◯=一人で可(1.0)　△=補助要(0.5)　無=させた事が無い(0)

能になる。

　静岡県富士宮市の朝霧高原に、自然や動物とふれあえる体験型牧場「まかいの牧場」がある（写真2.1）。創業は昭和45（1970）年で現オーナーは馬飼野社長であり、この名前から牧場の名前が命名された。園内には、動物とふれあえる体験型牧場と体験型工房、そして3つの食堂・レストランとパン・菓子工房（写真2.2）やミルク工房（写真2.3）などの施設があり、家族連れに人気のスポットである。ゴールデンウイークには、1日7,000人もの観光客が訪れる。

　まかいの牧場の経営理念は、「自然と動物とのふれあい」をテーマに自然の尊さを知っていただけるよう、お客様に・地域に・社会に貢献していく、としている。また企業目標として、"まきばの3K"（環境・健康・教育）を掲げている。

　馬飼野社長は、園内の食を扱う部門において「食の安全・安心」を推進していく必要性を感じて、2009年12月から、5S・衛生管理活動を進めている。事務局を中心に、各チームでチームリーダーを立てて、毎月5S・衛生管理委員会を開催して活動を進めてきて、全社員の意識をより徹底することで、「食の安全・安心」を確固たるものとしてきた。また顧客満足の観点からも、美観により気を配るように活動してきた。また、お客様に満足

**写真2.1**　まかいの牧場

**写真2.2**　パン・菓子工房　　**写真2.3**　ミルク工房

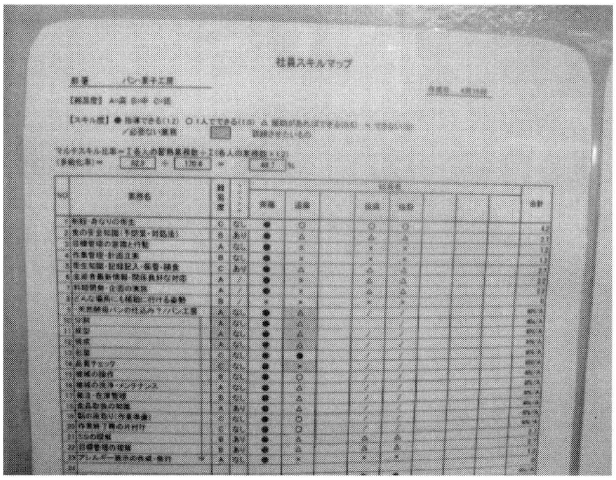

**写真 2.4** スキルマップの活用

していただくことを重点に考えて、担当者が休んでも必ず誰かが業務をこなせるよう多能化の推進に取り組んでいる。全部署においてスキルマップ（写真 2.4）と教育訓練計画表を作成し、職場ごとにボードに掲示して"目で見る管理"を行うとともに、3カ月単位で教育を実施している。

スキルマップの項目としては、朝の準備事項、主な調理作業、調理の重要管理点の理解、洗浄作業、夕方の後始末、接客、新メニュー企画、衛生管理知識などを取り上げて評価している。まかいの牧場は、この取り組みを全部門に展開することにより、食品安全の向上だけではなく、顧客満足度の向上や生産性の向上にも役立てようとしている。

## 2.4 コストダウンには「目で見る管理」が必要

食品製造部門では、常にコストダウンを図っていく必要があるが、その手順として、まず製造費用の構成を調査する必要がある。製造費用は、大きく原材料費、労務費、経費に分割することができ、このなかで製造部門がコントロールできる費用が製造部門のコストダウンの対象となる。製造業での売上高に占める売上原価は、一般に6〜8割であるが、製造部門では所定の原価で生産するだけではなく、ムダなくロスなく適切に費用が使われているか、いかに費用を低減させて生産するかを管理していかねばならない。

しかし、生産を阻害する設備の故障、不良の発生、調達品の納期遅れ、受注変更などが起きることがある。また、原材料費の値上げ、公共料金の値上げなどもある。これらはすべて原価アップの要因となる。一方、市場や顧客は販売価格の引き下げを要求してくる。そのために製造部門は、絶え間なくコストダウン活動を進めて、ライバル企業との競争に打ち勝たなければならない。

**図表2.5 製造経費削減推移管理**

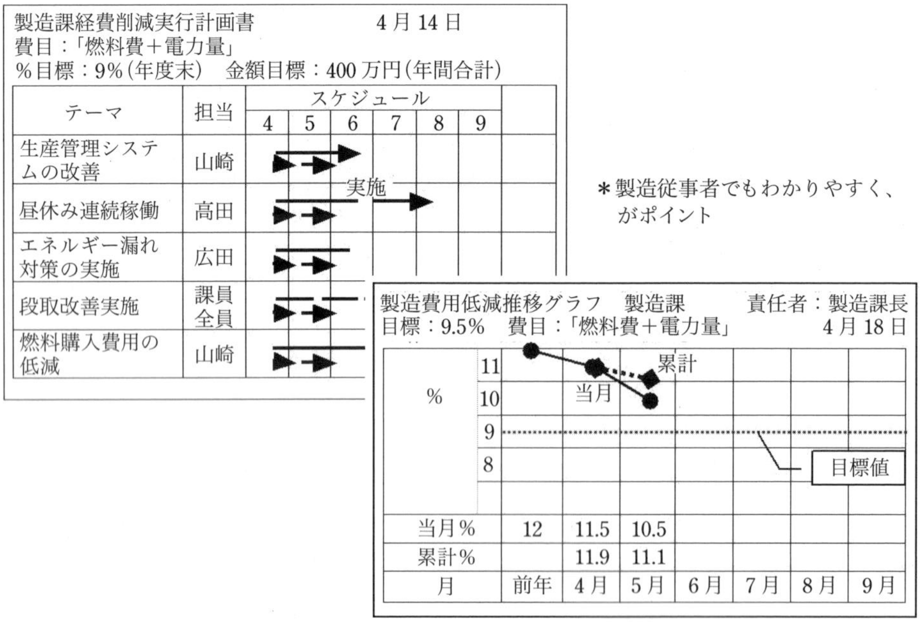

| 製造課経費削減実行計画書　　　　4月14日 |
|---|
| 費目：「燃料費＋電力量」 |
| ％目標：9％（年度末）　金額目標：400万円（年間合計） |

| テーマ | 担当 | スケジュール |
|---|---|---|
| | | 4　5　6　7　8　9 |
| 生産管理システムの改善 | 山崎 | ▶▶▶ |
| 昼休み連続稼働 | 高田 | ▶▶　実施　▶ |
| エネルギー漏れ対策の実施 | 広田 | ▶▶▶ |
| 段取改善実施 | 課員全員 | ▶▶▶ |
| 燃料購入費用の低減 | 山崎 | ▶▶▶ |

＊製造従事者でもわかりやすく、がポイント

| 製造費用低減推移グラフ　製造課　　責任者：製造課長 |
|---|
| 目標：9.5％　費目：「燃料費＋電力量」　4月18日 |

| 当月％ | 12 | 11.5 | 10.5 | | | | |
|---|---|---|---|---|---|---|---|
| 累計％ | | 11.9 | 11.1 | | | | |
| 月 | 前年 | 4月 | 5月 | 6月 | 7月 | 8月 | 9月 |

　コストダウンを効果的に推進する手順として、「目で見る管理」の手法がある。この手法ではコストダウンの計画、進捗状況、問題点、対策などを製造部員全員が見ることができ、全員で活動するという効果を得ることができる。

　例えば、製造費用低減活動を行っていく場合、費用構成・ウエイトを把握する必要がある。このうち燃料費、電力量のウエイトが高い場合、ここに着目して「改善実行計画書」を作成し、改善活動を開始する。そして管理サイクルを「月」にし、「製造費用低減推移グラフ」を「％」、「金額」で管理するようにする（図表2.5）。とくに製造費用低減の改善活動を行っていく場合、これらの帳票をVM（目で見る管理）推進で展開するとよい。

## 2.5 「目で見る管理」の有効活用事例

　先に紹介した岐阜県の厚生産業（株）は、5SとVM（目で見る管理）をベースに、ISO 22000を効果的に運用することで、食品安全を確実なものにしている。同社は、漬物の素と乾燥米麹を製造・販売している（写真2.5）が、2008年にISO 22000を取得する際に、5SとVMの手法を活用することで、食品安全をより確固たるものにしたのである。

　まず5Sについて、混合室の事例を紹介しよう。食品工場の場合は、異物混入防止のために作業室には必要最低限のものしか置かないようにしている。同社は工夫をこらして、混合室および洗浄室の備品を移動可能な備品棚に定置化して、作業時に備品棚を室内に置かないようにし、作業後の洗浄時に移動して中に入れている（写真2.6）。

第 2 章　食品工場への先端的生産管理および品質管理の導入

＜乾燥米麹＞

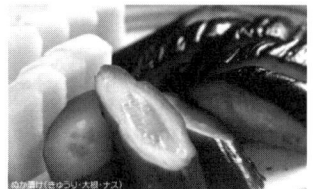
＜漬物の素＞

**写真 2.5**　厚生産業（株）と商品

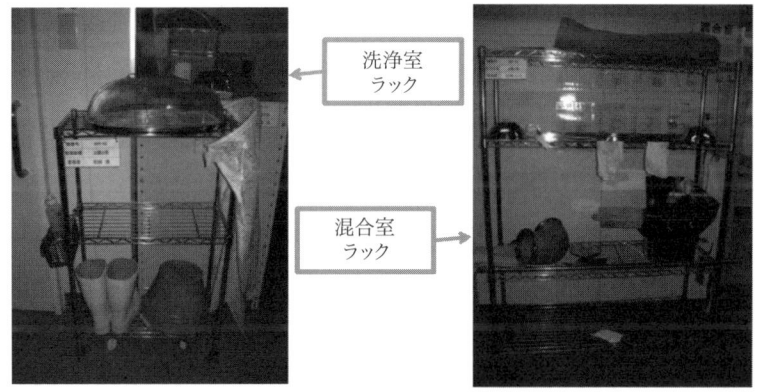

**写真 2.6**　移動式備品棚の 5S

　次に VM の事例として、充填工程では、混合原料と充填包材、規格に間違いがないように、指示書と写真付きの商品表を掲示している。また、金属探知機の重要管理点の理解度や作業スキルについてわかるように、作業員のスキルマップを開示している（写真 2.7）。目標生産数も VM 化しており、食品安全や生産性向上に寄与している。

　食品安全上の化学的危害としてアレルゲン物質の混入があるが、混合室でもアレルゲン物質を取り扱っているので、洗浄後に確実に洗浄できたかを製造担当者が蛋白検出用の簡易拭き取りキットで確認をしている。この重要管理点においては、使用方法を間違えないように大きく表示している（写真 2.8）。

　ピロー包装工程には、CCP（重要管理点）工程である X 線異物検出機があるが、このテストピースサイズが製品ごとに異なるため、機械に一覧表を掲示することにより、重要管理点が確実に実施できるように管理している（写真 2.9）。一方、乾燥麹の製造工程で

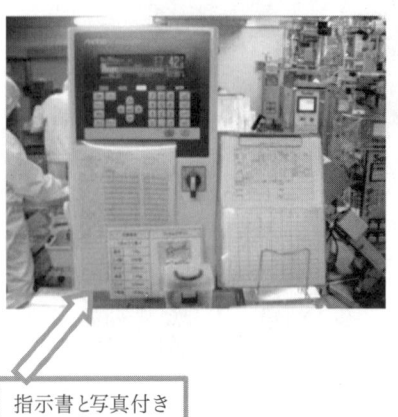

写真 2.7 充填工程の重要管理点

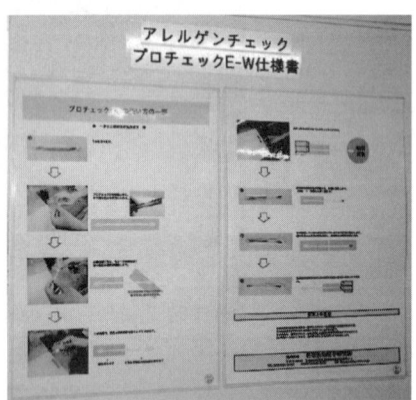
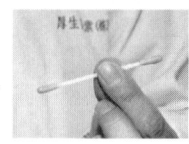

写真 2.8 混合工程の重要管理点

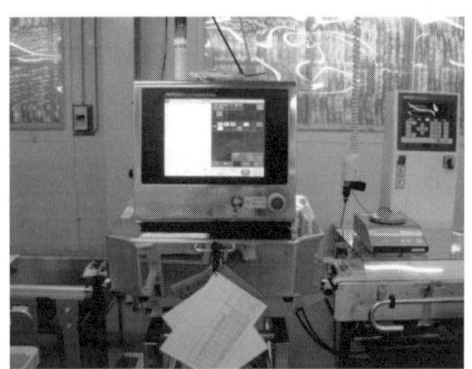
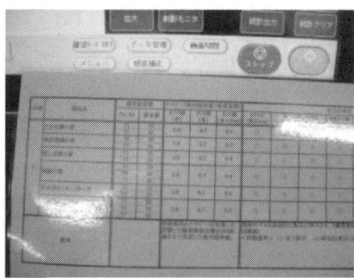

写真 2.9 ピロー包装工程の重要管理点

**写真 2.10** 麹製造ラインの重要管理点

は蒸米工程（殺菌工程）が CCP となっているため、最も近い場所に、「85℃以上 20 分以上」と大きく掲示している。このことにより、作業者の食品安全に対する注意喚起や意識の高揚も狙いにしている（写真 2.10）。

このように、厚生産業（株）では漬物の素や米麹を通じて「日本のすばらしい伝統的食文化を大切にする食品産業」の考えに基づき、より美味しく、より便利に楽しんでいただけるような製品をお客様に提供することによって社会に貢献する会社として邁進している。そして業界に先駆けて、ISO 22000 認証取得を目指し、それもただ取得するのではなく、食品安全の考え方が根付くように、5S／VM を活用して効果的に活動している。

5S では、清掃ルールの確立を通して室内の衛生環境と清掃道具の管理が良くなり、製品に対するリスクが低減した。また意識改善の観点からは、ルールに関する教育訓練によって、5S の必要性と衛生環境の改善について作業員全員が意識できるようになった。

VM においては、危害発生箇所への表示により作業員の食品安全に対する意識レベルが向上し、食品危害を意識した作業が行われるようになった。また製品の安全性に関する知識が向上し、作業に関する改善提案がボトムアップされるようになった。

代表取締役である里村社長は、「漬物の素」や「米麹」の技術を活かしながら、今後は更なる事業拡大を目指して、5S／VM をベースとした ISO 22000 を全社的に展開することを念頭に置いている。

## 2.6　食品企業のタイプ別管理ポイント

食品企業にとって生産方法は様々であるが、大きくは、「多品種ロット見込生産タイプ」と「多品種少量ロット受注生産タイプ」に分けられる。前者は在庫を持ちながら見込みで小ロット生産していくタイプであり、後者は注文を受けてから小ロットで生産をしていく

タイプである。双方の生産タイプとも、極力在庫を持たずに、小ロット短納期受注にも迅速に対応できる生産体制を確立する必要がある。そのための共通する重点改革目標は、以下の通りである。

① 客先納期の遵守
② 顧客クレームの撲滅ないしは低減
③ 工数の低減
④ 製品リードタイムの短縮

第1の重点目標は、客先納期の遵守である。主要顧客から注文を受けているケースが多いが、この場合、顧客都合で受注の変動があることが特徴なので、受注の追加、取消し、納期変更などにフレキシブルに対応するシステムを確立する必要がある。食品業種によっても違うが、その日の朝に受注が確定する企業もある。そのため、製造だけではなく、販売・研究開発・購買など全ての部門で連携を取り、顧客の希望する納期への対応をしていくことになる。

生産管理部門では、顧客からの内示を基に負荷計画（生産計画段階での負荷と能力の実態を把握し、調整を図る手段）を立て、それに基づいて生産計画を立てるわけであるが、顧客からの納期変更にもフレキシブルに対応していく必要がある。購買部門においては、原材料や包装材料などの調達や工程外注の納期管理を徹底して行うことで、製造サイドへの材料供給の遅れによる納期遅れを防止する必要がある。製造部門においては、納期遵守のために、計画変動や飛込み注文に強い作業指示方法をとったり、生産計画に対する進度管理を徹底する必要がある。また多品種少量であることから、段取り変更回数が多く、段取時間の短縮に取り組んでいく必要がある。

第2の重点目標は、顧客クレームの撲滅ないしは低減である。親企業や主要顧客に対して、不良品を納入することは絶対避けなければならない。そのためには、製造の品質向上だけではなく、検査での流出防止や品質管理部門が主導する再発防止対策の徹底、設計品質の向上などに取り組むとよい。

第3の重点目標は、作業工数の低減である。コスト低減はどのような生産タイプであっても共通の項目であるが、どちらも多品種少量生産であることから、研究開発部門における開発業務工数の低減や、製造部門における段取作業工数の低減が重点ポイントとなる。

第4の重点目標は、製品リードタイムの短縮である。食品は鮮度管理が重要な業種である。したがって、原料納入から仕掛品生産、そして本生産から出荷までの期間をできるかぎり短くすることが重点ポイントとなる。

# 第3章　生産工程の分析と生産変化点の洗い出し

　第3章では、生産工程の分析と生産変化点の洗い出しについて論述していく。食品工場における問題点のありかを概括的につかむ手法には、自動車・電機業界などで活用されている「製品工程分析」と「ワークサンプリング分析」があり、これらを活用して生産性向上や改善を行うとよい。

　食品におけるHACCP手法では、製品工程図（フローダイアグラム）から重要管理点（Critical Control Point：CCP）やオペレーションPRP（Operation Prerequisite Programme：オペレーション前提条件プログラム）を導き出して、危害における重要管理点の予防対応を管理している。これらは、特に製品工程分析と接点を持っており、その製品工程分析の情報をフローダイアグラムないしは危害分析表に反映させるだけではなく、生産変化点をも考慮した危害分析を実施すると、より効果的である。

## 3.1　製品工程分析による改善

　食品工場の問題点のありかを概括的につかむ、即ちマクロ分析には、製品工程分析とワークサンプリング分析がある。前者の製品工程分析は、仕事のプロセス（仕事を行う順序、工程）について記号を用いて表し、そのプロセスを検討・分析し、品質および作業性の改善をしていくための手法である（図表3.1）。

　仕事は人（作業者）がモノ（原材料、製品など）とかかわりながら進められるので、工

**図表3.1　製品工程分析表**

| 品名：○○○○ | | | | | 工程：充填→加工, 包装, 印字 | | | | | | 作成日：11月1日 作成者：山崎 | |
|---|---|---|---|---|---|---|---|---|---|---|---|---|
| NO. | 加工 | 運搬 | 停滞 | 検査 | 工程内容 | 状態 | 数量 | 単位 | 距離 | 単位 | 時間 | 作業員 | 備考 |
| 1 | ○ | ○ | ▼ | □ | 原料置場 | 棚 | 10 | kg | | | 480分 | | |
| 2 | ○ | ● | ▽ | □ | 包装機まで移動 | | | | 10 | m | 2分 | 1 | |
| 3 | ● | ○ | ▽ | □ | 包装 | | | | | | 2分 | 1 | |
| 4 | ○ | ● | ▽ | □ | コンベアで移動 | | | | 3 | m | 1分 | | |
| 5 | ○ | ○ | ▽ | ■ | 金属検知 | | | | | | 1分 | 1 | |
| 6 | ○ | ● | ▽ | □ | 印字機まで移動 | | | | 5 | m | 1分 | 1 | |
| 7 | ● | ○ | ▽ | □ | 印字 | | | | | | 2分 | 1 | |
| 8 | ○ | ○ | ▽ | ■ | 印字確認 | | | | | | 1分 | 1 | |
| 9 | ○ | ● | ▽ | □ | 出荷場まで移動 | | | | 15 | m | 3分 | 1 | |
| 10 | ○ | ○ | ▼ | □ | 保管 | パレット | | | | | 240分 | | |

程分析も、モノを中心にした製品工程分析と、人を中心にした作業者工程分析の2つがある。

製品工程分析とは、原材料、包装材などが工程を経由して完成品へと変化していく流れの状態を、加工、検査、運搬および停滞に分けて記号で表し、モノの流れを分析する手法である。この工程分析を通じて、次のような目的を達成していく。

① 製造工程の概括的な把握や問題点の把握を行い、改善方向の設定に活用する
② レイアウトの改善に活用する
③ 管理システム上の問題点を抽出し、改善に活用する
④ 各工程の詳細分析、改善の基礎資料として活用する

製品工程分析では図示記号を用いて、工程の流れを表す（図表3.2）。そして、製品工程分析の調査項目としては、以下の工程がある。

① 加工工程：作業者名、使用している機械設備、作業場所、加工内容、加工方法、加工時間、使用治具など
② 検査工程：作業者名、検査場所、使用検査機器、検査内容、検査方法、検査時間、不良率など
③ 運搬工程：作業者名、使用運搬機器、運搬距離、運搬回数、運搬時間、運搬経路など
④ 停滞工程：保管責任者名、保管場所、保管容量、置き方、停滞時間など

また、ロット生産の場合、製品工程分析では時間、距離を次のように表す。

$$\frac{(1個当たりの時間・距離) \times (1ロットの数量)}{(1ロットの総時間・距離)}$$

例）1個当たりの加工時間が1.5分、ロット数が10個の場合の表し方

$$\frac{1.5分 \times 10個}{15分}$$

**図表3.2　工程とは加工・検査・運搬・停滞**

原材料、仕掛品、製品が工程を経て加工されながら完成品へと変化していく流れの状態は、加工、検査、運搬、停滞に分類される。

| 記号 | 工程 | 対象 | 内容 |
|---|---|---|---|
| ○ | 加工 | 原料 | 形状、性状に変化を与える |
| □ | 検査 | 材料 | 合否、適否を判定する |
| ○ | 運搬 | 仕掛品 | 位置に変化を与える |
| ▽ | 停滞 | 製品 | 工程が進まず、滞っている |

図表3.3 工程分析による改善案の発想

| キーワード ECRS | 適用のヒント |
|---|---|
| E：排除（Eliminate） | 全部やめる、一部やめる スキップする、省略する |
| C：結合（Combine） | まとめる、組合わせる、同時に行う |
| R：交換（Rearrange） | 順序を替える、他の方法に替える 他のものと替える |
| S：簡素化（Simplify） | 単純化する、数を少なくする 標準化する |

　ロット作業の場合は、初工程に投入されたロットサイズを基準に分析する。工程の途中でロットが分割、統合される場合は実際のロットサイズを記入し、その状況を記録しておく。

　全般的な改善の進め方としては、以下の手順で行う。

① 加工・検査・運搬・停滞にかかった時間を表した工程分析総括表を作成して、改善のポイントを見つける。

② 工程分析の結果を基に流れ線図を作成して、工程の流れをビジュアルに表し、改善のポイントを見つける。

③ 工程ごとに、ECRSの原則（図表3.3）や5W1Hなどで改善すべき点を検討する。

④ 付加価値を生まない工程、すなわち検査、運搬、停滞工程に特に着目して、これらの工程の無駄の排除、効率化を検討する。

また、以下のチェックリストにより改善すべき点を検討するとよい。

① 流れについてのチェックリスト

・モノ、人の流れを単純化・短縮化できないか

・モノ、人の流れに逆流や交差はないか

・主力品種（数量や重量が多い）の流れを短縮化できないか

・機械間（工程間）をなるべく近づけた配置にできないか

・各工程の作業時間はほぼ均等化されていて、工程間の滞留はないか

・工程間の仕掛品の移動は一個送りになっているか

・上下の運搬を少なくできないか

・コンベヤは必要以上に長くないか

・通路、作業域、置き場は確保され白線などで明示してあるか

② 停滞についてのチェックリスト

・生産計画は生産能力と見合っているか

・日程計画で、必要以上の停滞期間をとっていないか

- ・原材料や仕掛品の受払のタイミングは適切か
- ・ロットサイズは大きすぎないか
- ・ロット作業を流れ作業にできないか
- ・ラインバランスはとれているか
- ・保管方法や受け渡し方法、在庫管理は適切か

③ 運搬についてのチェックリスト
- ・床への直置きはないか
- ・運搬物はさらに運搬しやすくできないか
- ・運搬回数を削減できないか、タイミングや回数は適当か
- ・取り扱い作業を減少させることはできないか
- ・レイアウトの改善はできないか、運搬の距離は長すぎないか
- ・運搬方法の効率化を図れないか…バス方式（定期巡回方式）、タクシー方式（流し巡回方式）、ハイヤー方式（呼び出し方式）などの検討
- ・工程作業者が運搬も行う場合、その改善を図れないか
- ・運搬設備、運搬機器の改善を図れないか

④ 余力についてのチェックリスト
- ・職場、工程、機械設備、作業者間の工数の過不足はないか
- ・ネック工程は、作業改善・機械設備の改善・設備保全で解決できないか
- ・ネック工程は、不良の減少や歩留まりの向上で解決できないか
- ・ネック工程は、残業・休日出勤・交替制の採用で解決できないか
- ・余力のアンバランスは、作業者の多台持ちや多工程持ち、職場間の応援に振り分けられないか
- ・負荷の季節変動、月間変動は解消、均一化できないか

## 3.2 ワークサンプリング分析による改善

　ワークサンプリング分析は稼働分析の1つであり、稼働分析とは、作業者や機械の稼働状態を観測して、その稼働内容を分析し改善する手法である。稼働分析には連続稼働分析とワークサンプリング分析がある。ワークサンプリング分析は瞬間的な観測により稼働状況を把握し、この観測回数を多くすることにより稼働項目の時間構成比を統計的に推測する方法であり、少ない労力で多くの対象を同時に観測できる特徴がある。これも時間面のマクロ分析であり、問題点を概括的につかむのが目的である（図表3.4）。

　観測上のポイントとしては、以下のことに注意して行えばよい。

第3章 生産工程の分析と生産変化点の洗い出し

**図表3.4** ワークサンプリング測定表

| 稼働分析用紙 | | | | | | | | | | | | | | | | | 観測者： | |
|---|---|---|---|---|---|---|---|---|---|---|---|---|---|---|---|---|---|---|
| 工程名：*製造1課* | | | 対象者：*7（山口、木下、田中、鈴木、佐藤、森田、石田）* | | | | | | | | | | | | | | | |
| | 作業 | | | 段取 | | | 余裕 | | | | | | | | 非作業 | | | |
| 項目<br><br>時刻 | ピロー充填 | ピロー包装 | 原料混合 | 部品分解 | 洗浄 | 部品組付 | 原料準備 | 朝礼 | 作業指示 | 打合わせ | 事務処理 | 機械保全 | 5S | 手待ち | トイレ | 歩行 | 雑談 | 手休め | 行方不明 | 合計 |
| 9:05 | 下 | T | | | | | | | | | | | | | 一 | | 一 | | | 7 |
| 9:25 | T | T | 一 | | | 一 | | | | | 一 | | | | | | | | | 7 |
| 9:37 | 下 | T | 一 | | | | | | | | 一 | | | | | | | | | 7 |
| 9:58 | 下 | 一 | T | | | | | | | | | | | 一 | | | | | | 7 |
| 10:11 | 下 | | 一 | | 一 | | | | | | | | | | | | | 一 | | 7 |
| 合計 | 482 | 196 | 88 | 12 | 25 | 31 | 46 | 20 | 12 | 42 | 25 | 4 | 13 | 48 | 18 | 26 | 22 | 19 | 14 | 1143 |

① 観測の目的を予め作業者に知らせ、協力を得るようにする
② 観測は、観測者がその場所に行ったその瞬間の状態を観測する
③ 運搬や歩行中の作業者についての観測は、最初に出会ったときに行う
④ 観測項目にない状況が発生したら、項目欄に随時追記していく
⑤ 作業者が不在の場合は、周囲の人に不在の理由を確認する

　ワークサンプリングを実施した後、観測結果の分析と改善案の策定を行う。観測時に気付いた点や改善すべき点は、観測時に観測用紙にメモとして残すとよい。また、主作業以外の作業で発生頻度の高い作業を重点に原因を分析し、改善策をまとめる。例えば、作業者による原材料や仕掛品の運搬の比率が高い場合は、作業者の動線を分析した上で、原材料置場と作業場の近接化などのレイアウトの改善、作業者の運搬を止める運搬方法の改善策を策定する。

　また、観測結果は回数の集計だけでなく、稼働時間当たりの比率で計算し、時間で表すようにする。グラフなどで職場別にビジュアルに表すとなおよい（図表3.5）。また、それらの時間が30分以上かかっている作業・要素を抽出し、原因分析と改善策を検討、実施

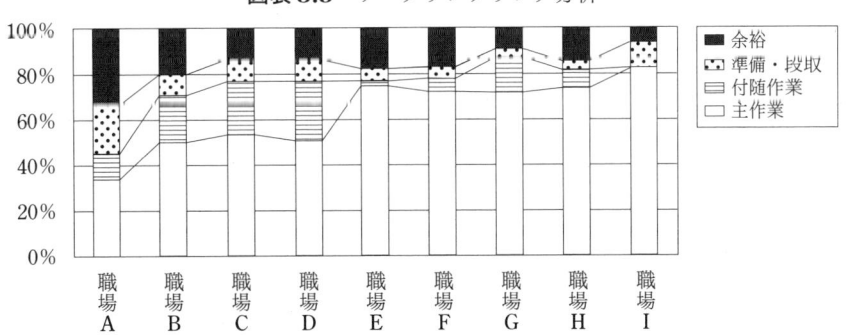

**図表3.5** ワークサンプリング分析

**図表 3.6　分析結果の改善例**

| | 職場名 | 作業区分 | 問題点 | 改善策 |
|---|---|---|---|---|
| 1 | 混合 | 準備作業 | 材料運搬に1日に43分掛かっている | 原材料置き場と混合職場の近接化と運搬回数の見直しを行う |
| 2 | 混合 | 職場余裕 | 作業指示、打合せが1日に45分掛かっている | 始業時の作業指示の精度を上げ、業務途中の打合せ回数と時間を減らすようにする |
| 3 | 充填 | 準備作業 | 洗浄時間が1日に1時間半も掛かっている | 段取工程分析を実施して作業改善を行う |
| 4 | 充填 | 職場余裕 | 不在が1日に60分ある | 不在原因の追究を行う |

するなど、不稼働工数を低減する活動につなげることが大切である（図表 3.6）。

## 3.3　食品安全ハザードの評価方法

ISO 22000 では、「明確にされたそれぞれの食品安全ハザードは、健康への悪影響の重大さ及びその起こりやすさに従って評価すること」となっている。そこで、リスクマネジメントの先進企業が活用しているリスクマップを参考に、筆者が考案したものを紹介しよう。図表 3.7 では、ハザード評価表を活用し、ハザード評価を実施している。

ここで重要なことは、食品安全ハザードの評価は机上の打ち合わせだけでなく、必ず現場を見て実施することである。いかに入念な打ち合わせを経たとしても、現場を確認しないと、全く無意味なものになる可能性が大きいからである。具体的な手順は、以下の通りである。

**図表 3.7　ハザード評価表**

【ハザード評価方法】
ハザードの重要性＝「悪影響の重大さ」×「悪影響の確率」
　・悪影響の重大さ：大＝○、中＝△、小＝×
　・悪影響の確率　：大＝○、中＝△、小＝×

| | | 悪影響の重大さ | | |
|---|---|---|---|---|
| | | 小（×） | 中（△） | 大（○） |
| 悪影響の確率 | 小（×） | とても小さなリスク | 小さなリスク | 中程度のリスク |
| | 中（△） | 小さなリスク | 中程度のリスク | 大きなリスク |
| | 大（○） | 中程度のリスク | 大きなリスク | 重大なリスク |

※重大なリスクを「CCP」、中程度のリスクを「PRP」で管理する。大きなリスクは、「OPRP」または「PRP」のいずれかとする。「OPRP」はその中でも重大性があり、記録ができるものとし、それ以外を「PRP」とする。

第3章　生産工程の分析と生産変化点の洗い出し

**図表 3.8**　フローダイアグラム（抜粋）

●揚げ物（とんかつ）のフローダイアグラム

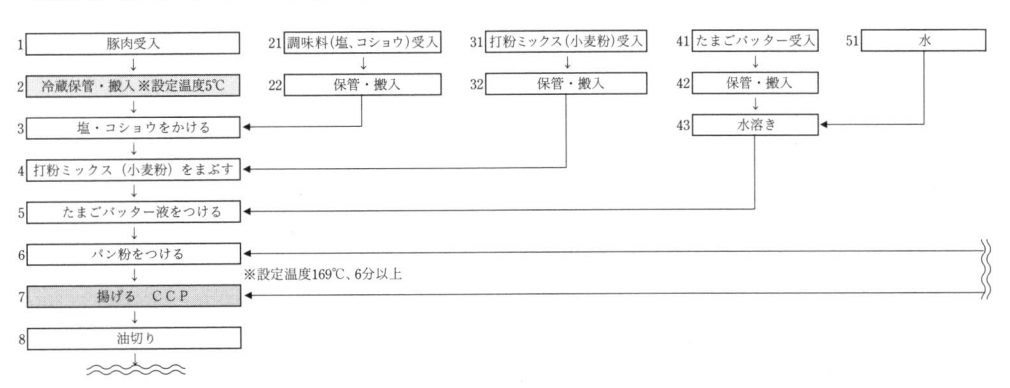

| No. | 工程 | | No. | 工程 | | No. | 工程 | | No. | 工程 | | No. | 工程 |
|---|---|---|---|---|---|---|---|---|---|---|---|---|---|
| 1 | 豚肉受入 | | 21 | 調味料(塩、コショウ)受入 | | 31 | 打粉ミックス(小麦粉)受入 | | 41 | たまごバッター受入 | | 51 | 水 |
| 2 | 冷蔵保管・搬入※設定温度5℃ | | 22 | 保管・搬入 | | 32 | 保管・搬入 | | 42 | 保管・搬入 | | | |
| 3 | 塩・コショウをかける | | | | | | | | 43 | 水溶き | | | |
| 4 | 打粉ミックス（小麦粉）をまぶす | | | | | | | | | | | | |
| 5 | たまごバッター液をつける | | | | | | | | | | | | |
| 6 | パン粉をつける | | | | | | | | | | | | |
| 7 | 揚げる　CCP　※設定温度169℃、6分以上 | | | | | | | | | | | | |
| 8 | 油切り | | | | | | | | | | | | |

**図表 3.9**　危害分析ワークシート

製品名：揚げ物（とんかつ）　　制定日　9月8日　　改訂日　12月9日

| 危害が発生する原材料・工程 | 危害の原因物質 | | ハザード評価（○△×）重大性 | ハザード評価（○△×）可能性 | 左記の決定の根拠 | 管理手段の選択及び防止措置 | CCP OPRP PRP | 記録 |
|---|---|---|---|---|---|---|---|---|
| 1. 豚肉受入 | 生物的 | なし | × | × | − | − | No | |
| | 化学的 | なし | × | × | − | − | No | |
| | 物理的 | 異物混入された豚肉の投入 | ○ | △ | 調理前のチェック不備 | 調理前のチェック徹底、調達先の指導 | PRP | ○ |
| 2. 冷蔵保管・搬入（設定温度5℃） | 生物的 | 微生物の増殖 | ○ | △ | 冷蔵庫の温度管理不足 | 基準作成の上、日常管理5℃設定（10℃以下）の遵守 | OPRP | ○ |
| | 化学的 | なし | × | × | − | − | No | |
| | 物理的 | なし | × | × | − | − | No | |
| 3. 塩・コショウをかける | 生物的 | なし | × | × | − | − | No | |
| | 化学的 | なし | × | × | − | − | No | |
| | 物理的 | なし | × | × | − | − | No | |

1) フローダイアグラム（図表 3.8）に基づき、危害分析ワークシートを、経営者・従業員とともに会議室で打ち合わせをしながら作成する（図表 3.9）。その際、前述した製品工程分析表を参考にするとよい。
2) フローダイアグラムと危害分析ワークシートを印刷したものを現場に持っていき、工程順に記載内容をチェックしていく。フローダイアグラムの検証とともに、CCPやOPRPについて、食品安全リスクマップを基に健康への悪影響の重大さ、およびその起こりやすさを1つずつ丁寧に確認していく。
3) 生産現場では、打ち合わせでは気がつかなかったハザードや、悪影響の重大さ・起こりやすさの認識違いが発見されるので、1つずつ赤字で修正していく。

このように、生産現場で実際にハザードを確認すると、いかに机上の打ち合わせではハザードを網羅できないか、また、ハザードを適切に評価できないかを痛切に感じることになるので、ぜひ試していただきたい。

## 3.4　生産における変化点管理の考え方

　一般に、品質に影響を及ぼす経営資源として、Man（人）、Machine（設備・機械・治具）、Material（原材料、包装材）、Method（方法、技術、ノウハウ）、Environment（環境）がある。これらの経営資源に変化が生じたときは、品質が変化して品質不良が発生し、場合によっては顧客に影響を及ぼす可能性がある。これらの経営資源の変化は品質にとって重要な管理点ということになる。経営資源に変化が生じたときは、品質不良が発生する前に品質の変化を確認し、問題があれば早くに手を打つことで、品質不良を未然に防止することができる。

　トヨタグループでは、協力会社を含めて変化点管理を実施している。品質不良やクレームをゼロにするには、事後管理ではなく予防的管理、すなわち変化点管理を実施するのが一番の早道となる。食品企業にとっても、自動車や電機関連会社が実施している変化点管理を採用して、食中毒や異物混入等の重大クレームを撲滅していくことが求められている。

　ここで、5つの変化点の内容とその対策について、詳細に説明しよう。

● **Man（人）**

　Man（人）としては、品質に影響を及ぼす工程に従事する作業者や検査者などが対象になる。例えば作業者交代、検査者交代、新人投入、熟練者の欠勤などが変化点になる。ベテランであっても久々にその作業に携わる場合も、変化点と考えて対応する必要がある。

　対策としては、作業者および検査者に対して、仕事に従事させる前に作業マニュアルや検査基準書を基に、十分な教育をすることである。また、最初のうちは、管理者やベテランがそばについてチェックするとよい。

● **Machine（設備、機械、治具）**

　Machineとしては、設備・機械の修理やメンテナンス後の使用開始時、段取り換え時、新設設備の使用開始時などが変化点に該当する。また治具のメンテナンスや交換のときも変化点管理が必要である。

● **Material（原材料、包装材）**

　Materialとしては、原材料の購入先変更、原材料ロットの変更、包装材の仕様変更などが変化点になる。特に、製品の配合変更、原材料そのものの変更などが発生したときには、細心の注意で管理する必要がある。

　また、自工場での変化点は管理がわりと容易であるが、仕入先で原材料の変更が生じているのに連絡されないで品質問題が起きるケースがある。その対策としては、原材料や包装材の変更連絡を確実にもらうようにする仕組みを構築することである。そして、原材料や包装材の変化点管理では、最終製品に影響を及ぼさないかを十分にチェックする必要が

ある。

● **Method（方法、技術、ノウハウ）**

Method としては、作業工程の変更、手作業の自動化や半自動化、加工方法や盛付方法の変更などが該当する。また、新技術の導入や作業上のノウハウの追加も該当する。

対策としては、方法や技術の変化点が発生したときに、製品の品質をチェックするのはもちろんのこと、作業者の作業効率やラインバランスなどもチェックするとよい。

● **Environment（環境）**

Environment としては、製造場所を変更したり、季節の違いなどにより温度や湿度が変化して、その結果、製品の品質に影響が生じる場合があり、管理が必要となる。対策としては、環境条件が変化しないように施設を改造して空調機を導入することが考えられる。


## 3.5 変化点管理を危害分析に活用

前項では、生産における変化点管理の考え方について説明してきたが、ここではそれら5つの変化点管理を危害分析に活用する方法について述べてみたい。先に図表 3.7 において示したが、中程度のリスクであっても変化点に該当すれば、OPRP として管理しなければならない場合が生じるのである。

● **Man（人）**

該当する工程が中程度のリスクで、その工程担当の交代要員がスキル不十分である場合は、変化点管理の要因として、OPRP として管理するとよい。例えば、賞味期限の印字目視検査工程などが該当するであろう。

● **Machine（設備、機械、治具）**

該当する工程が中程度のリスクで、その工程が Machine によるものであり、設備・機械の段取り換えが頻繁に発生し、その段取り換えのミスで危害や品質不良が発生する可能性があれば、変化点管理の要因として、OPRP として管理するとよい。例えば、賞味期限用の印字機などが該当するであろう。

● **Material（原材料、包装材）**

該当する工程が中程度のリスクで、その工程が原材料や包装材に関したものであり、包装材の微妙な厚さの変化により、シール不良が発生する可能性があれば、変化点管理の要因として、OPRP として管理するとよい。シール不良が微生物の増殖につながることもある。

● **Method（方法、技術、ノウハウ）**

該当する工程が中程度のリスクで、その工程が洗浄工程であり、しかも要求どおり洗浄

するのにノウハウが必要な場合は、変化点管理の要因として、OPRP として管理するとよい。

● **Environment（環境）**

該当する工程が中程度のリスクで、その工程が洗浄工程であり、金曜日の夕方に洗浄して、次に使用するのが月曜日の朝である場合、微生物増殖の可能性があるので、変化点管理の要因として、OPRP として管理するとよい。

筆者が経験したケースで、5月の連休前の土曜日、日曜日に気温が例年になく上がり、この時期まだ冷房を入れていなかったので、ちょっとした洗浄不足が菌の増殖につながり、製品の回収騒ぎになったことがある。変化点管理を適用していれば防げたケースであった。

## 3.6　食品危害分析を有効活用

次に、食品危害分析を有効活用した食品企業の事例を紹介しよう。富士山のふもと、静岡県富士宮市の弁当製造企業（株）大富士である（写真3.1）。（株）大富士は、富士宮市を中心に、企業、幼稚園、保育園に配達する給食弁当、ロケ弁、会席料理、慶弔料理などの仕出し弁当を中心に、治療食、介護食、冷凍弁当などを提供している。弁当製造では、自社内の加熱調理室やサラダ室で調理した惣菜と炊飯室で炊いた米飯を、盛付室で盛付けしている（写真3.2）。

（株）大富士は、「安心・安全・健康」というコンセプトのもと、2005年3月に電化厨房を導入した HACCP 高度化基準認定工場を建設し、2011年3月に ISO 22000 の認証を取得した。徹底した衛生管理のもと、確かな品質とおいしさを追求し、地域の顧客から大きな支持を得ている。また、富士宮市の地域ぐるみで取り組む「フードバレー構想」へも

**写真 3.1**　（株）大富士

第3章　生産工程の分析と生産変化点の洗い出し

**写真 3.2**　盛付室での盛付作業

積極的に参加し、地産地消や地元の食材のブランド化にも力を注いでいる。

（株）大富士は、ISO 22000 認証取得活動において食品危害を評価する際に、前述のように食品安全リスクマップを基に、現場にて評価を行った。現場では、以下のような問題点を発見し、修正処置として対処するとともに、是正処置として食品危害の追加および再評価を行った。これも ISO 22000 認証取得活動の成果である。

① 食材を運ぶカートが壁や柱にぶつかって、塗料が剥げかかっており、それが食材に混入する恐れがあったため、ステンレスで補強した。

② 排水溝が汚れており、昆虫の内部発生の恐れがあったため、掃除の頻度を上げ、常に清潔にしている（写真3.3）。

③ 野菜カット室で魚介類の調理を行っており、コンタミネーション（交差汚染）の恐れがあったため、野菜以外の持ち込み禁止の貼り紙をした（写真3.4）。

④ 翌日使用する包装材の袋が開いており、包材に昆虫やホコリが侵入する恐れがあったため、必ず包装材の袋を閉じて保管するようにした（写真3.5）。

以上のように、机上での打ち合わせよりもかなり精度の高い危害分析評価を実施するこ

**写真 3.3**　排水溝の清掃

**写真 3.4** 野菜カット室の貼り紙   **写真 3.5** 翌日使用分の包装材

とができた。

　（株）大富士は、ISO 22000 の認証取得活動において、リスク管理をしっかりと自社のものにしている。今後、同社が「安心・安全・健康」というコンセプトのもと、さらなる発展を遂げていくことは間違いないであろう。

# 第4章　4M＋1Eの変化点と品質管理手法

　第3章で変化点管理について少し触れたが、第4章では変化点管理の具体的な手順と活用方法を説明する。また異業種の代表的な品質管理手法である、特性要因図、危害のビデオ分析、ポカヨケ活動、タートル分析、品質KYT（危険予知訓練）等の食品工場での活用方法を紹介する。

## 4.1　変化点管理の管理手順

　変化点管理は、Man（人）、Machine（設備・機械・治具）、Material（原材料、包装材）、Method（方法、技術、ノウハウ）の4MとEnvironment（環境）等があるが、これらの経営資源に変化が生じたときの管理手順を説明する。

① 変化点の情報の収集
② 変化点管理ボードへの記載（図表4.1）
　ボードは、朝礼を実施する場所や、作業者の目に付くところに設置する。工程のどこで、何が変化したかがひと目でわかるようにする。
③ 朝礼等での変化点内容と対策を作業者へ確認し、周知徹底させる
④ 検証内容の確認
　検証内容は変化点への対応が確実になされていることが確認できるようにし、また

**図表4.1　変化点管理のVMボード**

| 工程 | 人 | 機械 | 原材料 | 方法 | 変化内容 | 検討内容 | 結果 | 担当 |
|---|---|---|---|---|---|---|---|---|
| 前処理 | 変化点有 | | | | 代替作業者⇒○○さん | 異物チェック方法の確認 | OK | 三浦 |
| 加熱 | | | 変化点有 | | | 加熱する原材料のメーカー変更 | OK | 三浦 |
| 充填 | | 変化点有 | | | 充填機のオーバーホール後の初使用 | | OK | 三浦 |
| 検査 | | | | | | | | |
| 包装 | | | | 変化点有 | A社向けの梱包方法変更 | 梱包作業のチェック | OK | 三浦 |

Aライン変化点管理ボード　9月15日

**図表 4.2　変化点対応チェックシート**

確認日：20XX年XX月XX日
確認者：山田、加藤

| No | 工程 | | | | | | | 設備NO | 変化点 | | | | | チェック内容 | 担当 | チェック結果 |
| | 受入 | 原料 | カット | 煮炊き | 盛付 | 包装 | 検査 | 発送 | | 人 | 機械 | 原材料 | 方法 | 環境 | | | |
|---|---|---|---|---|---|---|---|---|---|---|---|---|---|---|---|---|---|
| 1 | | | | | | ○ | | | ー | ○ | | | | | 包装工程で、1週間ベテランAが、都合により休職するので、Bが替わりに包装作業にあたる | 山崎班長 | 手順書の教育終了を確認し、初品についても問題ないことを確認した |
| 2 | | | | | ○ | | | | ー | | | | ○ | | 盛付工程で、新しい盛付方法に変更 | 伊東班長 | 初期確認を実施し、問題ないことを確認した |
| | | | | | | | | | | | | | | | | | |
| | | | | | | | | | | | | | | | | | |

検証は作業者ではなく、ライン長等の管理・監督者が行うのが基本である。必要であれば、処置・対策の即時実施を指示する。

⑤　変化点対応のチェック

製造の上級管理者は、工程パトロールの一環として、変化点対応チェックシート（図表4.2）に基づき、現場巡回することで、変化点対応が確実に実施されているかどうかを確認する。

変化点管理の効果は、作業者への変化内容の周知徹底により、工程の変化に迅速に対応できることである。日常管理のなかで、工程の4M＋環境の変化点情報を共有し、作業者への注意を促すとともに変化点に起因する異常がないかを確実に検証し、品質不良の発生を未然に防止する。

ISO 22000の規格要求事項で、5.7に「緊急事態に対する備え及び対応」がある。これは、食品安全に影響を及ぼす緊急事態を未然に防止する考え方であるが、変化点管理で事故を防止することができる。

例えば、2000年6月に、Y社の北海道の原乳加工工場で停電のためにパイプラインの中で滞留し変質した生乳を製品として加工してしまい、多数の食中毒患者が発生した。これは、設備および環境の変化点をしっかり管理していれば防げたことである。

ここでは、作業室ごとにVM（Visual Management）ボードで変化点管理を実施する簡単な方法として「昨日の問題点」と「本日の注意点」を活用する方法を紹介する（図表4.3）。例えば、「昨日の問題点」で、トップシール機のシール状況の不安定が挙げられたとする。この対策として、シール板を交換したが、これは設備の変化点であり、シール作業の開始時は注意しなければならない。また「新製品が10時頃生産されるので、管理者の指示に従うように」ということも変化点管理であり、注意を要する。

**図表 4.3** 製造部門の管理ボード

| 包装室　5月27日 ||||
|---|---|---|---|
| 本日の予定 | 予定 | 実績 | 人数 |
| 生産開始 | 9：00 | 9：00 | 3 |
| 生産終了 | 14：00 | 14：20 | 3 |
| 洗浄開始 | 14：30 |  | 2 |
| 洗浄終了 | 17：00 |  | 2 |

＜昨日の問題点＞
・トップシール機のシール状況が不安定です。
・11：30の着衣チェックで毛髪が確認されました。

＜本日の注意点＞
・トップシール機のシール板を交換したので注意。
・ローラーがけを相互点検してください。
・新製品が10時頃生産されます。管理者の指示に従ってください。

このように、食品工場に変化点管理を導入することは、重大事故やクレームの削減に効果を上げることができる。自社の食品工場の製造工程に変化点管理を導入し、品質面の効果を上げることを期待する。

## 4.2　不良要因は特性要因図でつかむ

職場内での問題点を分析したり対策案を考えるとき、項目が多すぎたりすると、項目間の因果関係が錯綜して、重点ポイントが把握できないことがよく見受けられる。

そこで、重点の把握方法の1つに「層別」という考え方があり、いろいろな意見を類似した項目、例えば4M（人、機械、原材料、方法）などでグループ化して要因を挙げていくことで問題点や意見を分類することができ、重点を絞り込むことができる。

例えば、特性要因図は、特性（不良率・在庫金額など）と要因の関係を系統的に線で結んで魚の骨のように表した図をいい、フィッシュボーン・チャート、あるいは魚骨図とも呼ばれている。これにより、現場で発生するロスの原因や不良品発生の原因について、意見を出しながら実際に観察した事実を加えて特性要因図で分析することで、主原因は何か、どこに改善を加えると効果が出るのか、ということが体系的に整理できる。

ここでは、特性要因図の作り方について手順を追って説明していく（図表4.4）。

● **手順1**：特性（問題点）を決める
　① 特性はできるだけ具体的な現象で表現する。
　② 特性ごとに特性要因図を作成する。

● **手順2**：特性と背骨を書く
　① 右端に特性（テーマ）を書き、□で囲む。
　② 太い線を引き、矢印をつける。

**図表 4.4　特性要因図の作り方**

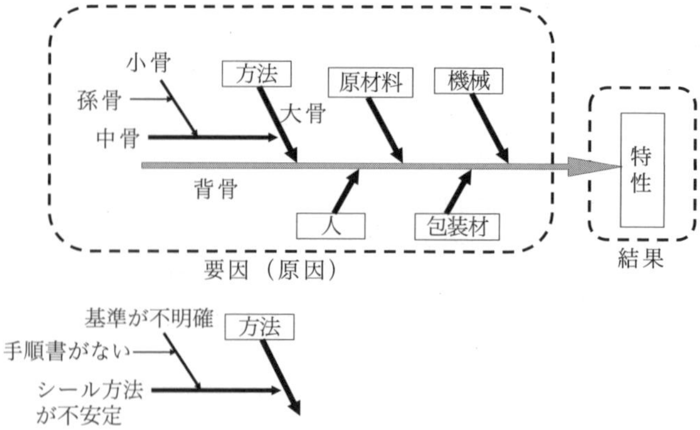

- **手順3：大骨を書く**
    ① 要因を4～6つに大きく分類する。
    　　人／原材料／作業方法／作業条件／機械・治工具／測定方法など
    ② 斜めに大骨を描き、要因を記入する。
    　　このとき、テーマごとに何がもっとも影響する要因であるかを判断し、決める。
- **手順4：中骨・小骨・孫骨を書く**
    ① 大骨の1件1件について原因となるものを考え、中骨として矢印で書く。次に、中骨の原因となるものを考え、小骨として矢印で書く。さらに小骨の原因となるものを考え、孫骨として矢印で書く。
    ② 大骨→中骨→小骨→孫骨は、「なぜ、なぜ」でつながっていること、具体的に手が打てるところまで骨を細かくすること。
- **手順5：主要因の特定**
    ① 影響が大と思われる要因（主要因）を○印で囲む。このとき、工程を追って、当事者の意見を十分聞いて決める。
    ② 実験・テスト・実績の裏付けを基に、主たる要因を特定する。
- **手順6：関連事項を記入する**
    　表題／工程名／製品名／作成グループ名／参加者名／作成年月日などを記入する。

## 4.3　特性要因図の有効活用事例

　静岡市葵区にある、お茶の製造・卸売業を営む（株）マルモ森商店は、2005年2月にISO 9001を認証取得した（写真4.1）。同社は明治10（1877）年創業で、現社長は5代目である。システムを構築したのは、ISO管理責任者である次期社長候補の森宜樹取締役で

**写真 4.1** （株）マルモ森商店

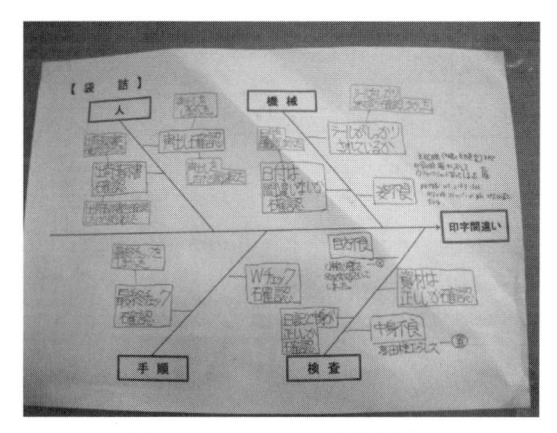

**写真 4.2** 手書きの特性要因図

ある。ISO 9001 を認証した動機は、年長のベテラン職人から若手への技術の伝承を図るためと、PDCA をしっかり回すという社員教育であった。

　認証の取得に当たり、作業を「製茶手順書」や「作業要領書」で明確にすることで、上記の目的は達成した。しかし、現場の細かなミスは、ISO だけではどうしても撲滅できなかった。それは、管理者が ISO の手順を理解していても、一般の作業者には守るべきポイントが明確に伝わらなかったからである。そこで中部産業連盟の指導を受けて、製造の部署ごとに不良やミスなどの重点ポイントを明確にして、改善していく手法「特性要因図」を 2009 年 7 月から導入したのである。

　各テーマは以下のようになった。このテーマは、ミスが発生して出荷前に気付いたものがほとんどである。

① 仕上げチーム：製造技術の向上
② 合組みチーム：合組み間違いの撲滅
③ 袋詰めチーム：袋詰め間違い・印字間違いの撲滅

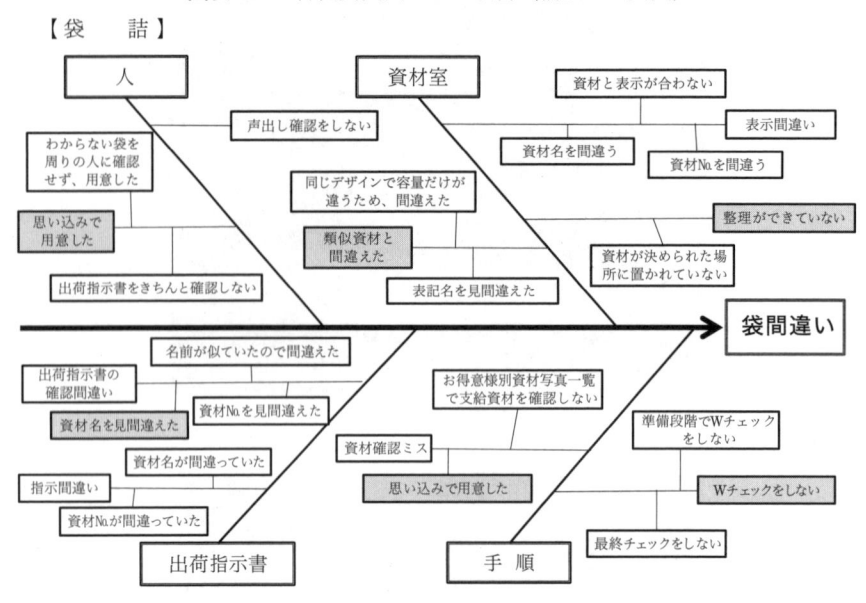

**図表 4.5 特性要因図からの改善（網点：主要因）**

【袋詰】

```
人                                資材室
 │                                  │
 ├─ 声出し確認をしない              ├─ 資材と表示が合わない
 ├─ わからない袋を                 ├─ 表示間違い
 │   周りの人に確認                ├─ 資材名を間違う
 │   せず、用意した                ├─ 資材№を間違う
 ├─ 思い込みで                     ├─ 同じデザインで容量だけが
 │   用意した                      │   違うため、間違えた
 ├─ 出荷指示書をきちんと確認しない ├─ 類似資材と
                                   │   間違えた
                                   ├─ 整理ができていない
                                   ├─ 資材が決められた場
                                   │   所に置かれていない
                                   └─ 表記名を見間違えた
                                                            → 袋間違い
 ┌─ 名前が似ていたので間違えた    ┌─ お得意様別資材写真一覧
 ├─ 出荷指示書の                  │   で支給資材を確認しない
 │   確認間違い                   ├─ 資材確認ミス
 ├─ 資材名を見間違えた            ├─ 思い込みで用意した
 ├─ 資材№を見間違えた             │                  ┌─ 準備段階でWチェック
 ├─ 資材名が間違っていた          │                  │   をしない
 ├─ 指示間違い                    │                  ├─ Wチェックをしない
 └─ 資材№が間違っていた           │                  └─ 最終チェックをしない
   出荷指示書                      手順
```

　上記の項目を職場で討議することにより、手書きで特性要因図を作成し（写真4.2）、影響が大と思われる要因（主要因）を、過去1年間の不良実績やヒヤリハット体験から赤字で記入していった。そして、ISO事務局がこれをパソコンで清書して職場に貼り出し、ミスや"ヒヤリハット"が発生したら、発生回数を記入していくようにした。また定期的に、作業メンバーで確認・話し合いを実施し、改善につなげるようにした（図表4.5）。

　(株)マルモ森商店はISO 9001の認証を取得したのち、それをさらに有効活用するために特性要因図を導入して、食品安全に向けた継続的改善を図っている。ISO 9001認証取得後5年で、作業者の意識が変化してクレームやミスが減少し、森取締役の目指す組織に近づいてきた。同社には、全国茶審査技術競技大会で2度優勝した実力派のブレンダーがおり、伝統ある緑茶文化を発展させるために、今後も、ISO 9001とそれを有効活用させる「特性要因図」などのツールを積極的に導入していく予定である。

## 4.4 「ポカミス」と「ポカヨケ」

　「ポカミス」は、人の作業で「つい、うっかり」ミスのことで、これはある確率で発生するものであり、それが食品工場にとって致命的な事故やクレームになることもある。これを防止するため、メカ的や電気的に強制的機構を設置すること、すなわち「ポカヨケ」により、人的要因の品質不良を低減させることができる。また、不良発生防止ばかりでなく、労働安全／緊急事態の発生防止等を目的にした「ポカヨケ」もある。

　「ポカヨケ」として、以下の4つの対策を徹底させることにより、ある程度ポカミスの

**図表 4.6** 「なぜ」を 5 回繰り返す

| 5W（なぜ、なぜ、なぜ、なぜ、なぜ） | 対策 |
|---|---|
| なぜ？シール不良が起きるのか？<br>→シール面の温度伝達不良のため | 温度調節<br>（処置レベル） |
| なぜ？シール面の温度が不安定か？<br>→シール面に粉体が付着したから | 粉体の定期的拭き取り（処置レベル） |
| なぜ？粉体が付着したのか？<br>→粉体の吸引装置の位置不良のため | 吸引位置の定期的な確認・修正<br>（処置レベル） |
| なぜ？吸引装置の位置がずれたか？<br>→位置を作業者がずらしたため | 作業者教育<br>（対策レベル） |
| なぜ？位置を作業者がずらしたのか？<br>→位置の標準化ができていなかった | 作業標準作成<br>（対策レベル） |

発生確率を低減させることができる。

① 徹底した 5S で、不注意を起こさせない現場を作る
② 作業者の勝手な判断を起こさせないように、現場で守るべきルールを明確にする
③ 品質パトロール等の定期的な監視や指摘を行う
④ 品質危険予知（QKY：Quarity Kiken Yochi）を普段から行い、コミュニケーションと不良意識向上を図る

また「ポカミス対策」には、源流対策が重要である。「ポカ」の原因は「つい、うっかり」であるが、その原因として作業疲労、見分けが困難な原材料、官能的な合否判断基準等が推定される場合がある。これについては、「なぜ」を 5 回繰り返すことにより、ミスの真因をあぶりだして、その除去対策を実行することで解決することがある。

ある食品会社の粉体ものを充填する機械で、シール不良がよく発生していた。これを徹底的に「なぜなぜ」分析することにより、真の原因をつかみ、最終的には「吸引装置の位置合わせの作業標準作成」という対策に行きついた事例が図表 4.6 である。

また、「ポカヨケ」の着眼点は以下に示す通りであり、検討の優先順位は①→④になる。

① 不良を発生させない：人的ミスが発生しても、不良が発生しないようにする。
② 不良を検出する仕組み：不良が発生した場合、きちんと識別して不良を次工程に送らない、または出荷しないようにする。
③ 不良を作り続けない：不良が発生したら、機械やラインを停止させる。
④ 注意喚起：作業標準書への記載、チェックリストへの項目追加、写真や限度見本の掲示等で作業者に指示して注意を喚起する。色を変えるなどの方法も効果的である。

## 4.5 ポカミス対策の有効活用事例

静岡県畜産技術研究所は、県の公設試験場として牛の研究を行っているが、研究用に飼育している搾乳牛約50頭の生乳を出荷している生産農場でもある。近年、安全な畜産物生産が求められていることから、同研究所は食品安全の国際認証である ISO 22000 取得に取り組み、2008年9月29日付けで酪農場（生乳生産施設）として国内初となる同認証を取得した（写真4.3）。

同研究所では、朝と夜の2回搾乳しており、搾った生乳はバルクタンクに貯蔵・冷却し、10℃以下（夜間保冷は5℃以下）を確認して出荷している。搾乳が終わると、搾乳パイプラインの酸・アルカリ洗浄を実施し、出荷が終わるとバルクタンクの酸・アルカリ洗浄を実施している（図表4.7）。

そして、搾乳と乳牛飼育に関する全261工程について、詳細な工程図（フローダイアグ

**写真4.3** 酪農場における ISO 22000 認証取得 （H20.9.29）

**図表4.7** 1日の搾乳サイクル

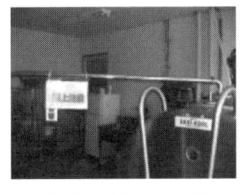

第4章 4M＋1Eの変化点と品質管理手法

表示による注意喚起　　指差呼称の励行　　確認結果を記録表にサイン

重要管理点（CCP）の管理を適用

**写真4.4** 殺菌・洗浄前のパイプラインの切替え確認

ラム）を作成し、1つ1つの工程ごとに物理、化学、生物危害を分析した（ハザード分析）。その結果、重要なハザードは以下の3点とした。

① バルク乳への殺菌・洗浄剤の混入
② バルクタンク内の乳温の上昇（細菌増殖）
③ 乳房炎乳、休薬期間中の乳、初乳（分娩後5日以内）の混入

　これらを制御するため、「殺菌・洗浄前のパイプライン切替え確認（2名チェック体制）」、「バルク乳温チェック（1日3回）」「すべての出荷禁止牛へのストップバンド装着と廃棄頭数の確認」を重要管理点(CCP)およびOPRPに決定し、出荷乳の安全性を確保している。

　このうち、最もポカミスが起きやすいのが、「殺菌・洗浄前のパイプライン切替え」であり、もし切替えを忘れて洗浄すると、多量の洗浄剤がバルクタンクに流れ込み、重度の危害になる恐れがある。実際に、ISO 22000のシステム構築中に、事故にはならなかったが"ヒヤリハット"が発生した。

　このポカミス対策として、「洗浄前のパイプラインの切替え確認」と、「日誌への2名記名」というシステムに変更した。決定過程は、ISO委員会で、メンバー全員が納得のいくまで討議をした。名前を記入するというシステムでは、レ点チェックではないところが、ポカミス防止のポイントである（写真4.4）。このポカミス防止策をISO 22000のHACCPシステムに取り入れたことが特徴であり、洗浄関連はCCPとして挙げられることは稀であったが、リスクの実情に合わせてCCPに取り入れたことが、"生きた"ポカミス防止システムとなったのである。

## 4.6　タートル分析とは

　ISO／TS 16949は、品質マネジメントシステムの国際標準規格であるISO 9001に、自動車産業向けの固有要求事項を付加した規格である。自動車産業向けの規格は、既に

**図表4.8** タートル分析とは

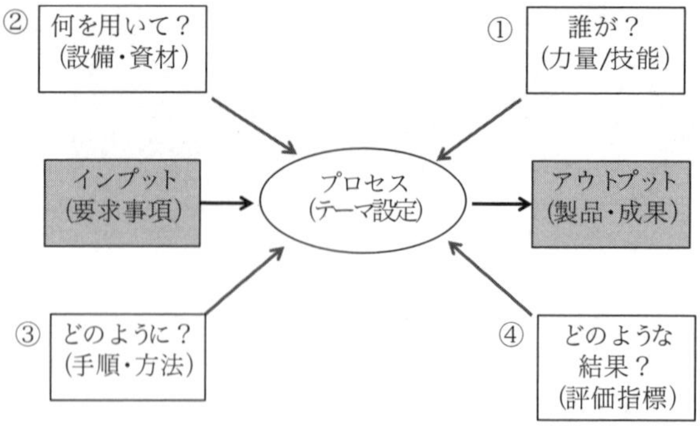

```
   ②何を用いて?              ①誰が?
   (設備・資材)              (力量/技能)
          ↘                    ↙
  ┌─────────┐      ┌───────┐      ┌─────────┐
  │インプット│ ──→ │プロセス│ ──→ │アウトプット│
  │(要求事項)│      │(テーマ設定)│   │(製品・成果)│
  └─────────┘      └───────┘      └─────────┘
          ↗                    ↖
   ③どのように?            ④どのような
   (手順・方法)              結果?
                            (評価指標)
```

　ISO 9001に米国ビッグスリー（GM・フォード・クライスラー）共通の要求事項をあわせたQS-9000が存在しており、これに、ISO 9001品質システム規格を融合させて、ISO／TS 16949が規格制定されたのである。

　品質管理における"品質"とは、製品やサービス自体の品質ではなく、それを生み出す仕事のやり方＝プロセスやそのマネジメントの質であり、経営資源（人材、組織、設備、技術）の充実度を指す。これをプロセスアプローチと呼び、こうした「原因」の改善を通じて製品の品質向上を図ることができる手法を、"タートル分析"という。

　プロセスのタートル分析図は、ISO／TS 16949において、プロセスを分析するのに有力なツールとして、インプット、アウトプットと関係する4つの質問で構成されている（図表4.8）。タートル分析の目的は、該当するプロセスの運用状況と品質のパフォーマンスを監視して、要因を分析し改善を行うために用いられる。

　インプットとアウトプットは、要求事項として何を受け取り、何を引き渡すかを示している。インプットについては、原材料や包装材などが相当する。アウトプットは、製品や仕掛品が相当する。①「誰が？」は人的資源に関するもので、プロセスを実行する要員に必要な技能や力量などを記入する。②「何を用いて？」は、プロセスの中で用いられる機械・治工具・測定器などを記入する。③「どのように？」では、実施手順・方法などが記述された手順書を記入する。④「どのような結果？」では、プロセスの有効性の判定基準やパフォーマンスの評価指標などを記入する。

　食品会社においては、このタートル分析を用いて、不良対策や歩留まり向上、生産性向上などを効果的に推進していく方法が大きな効果を上げる場合がある。この手法は、問題点を人・設備・手段と多面的に分析する方法であり、利用してみるとバランスが取れた分析ができるということがよくわかる。

## 4.7 タートル分析の有効活用事例

タートル分析の具体的な活用方法について述べてみよう。まず、該当するプロセスを特定する。製造プロセスでも混合工程なのか充填工程なのか、また包装出荷工程なのかを決める。そしてそのプロセスの課題を明確にする。例えば、不良対策なのか歩留まり向上が課題であるのか、生産性向上が優先されるのかを決める。

そして、前章に従って、インプット・アウトプットと4つの質問に対して、そのプロセスに関係する主要メンバーで話し合い、記入していく。その際に、ブレーンストーミング的に色々な意見を加えていく。次に、挙げられた項目の中で主要因の項目に印をつけていく。この印がついた項目について重点的に対策を実施していく。

ここで、製麺製造をしている食品工場の活用事例について紹介する。この工場は、各部署のリーダーを中心に、衛生管理はもとより5S活動や改善活動を積極的に推進しており、部署別に以下の改善テーマに取り組んでいる。

　　麺形成職場：清掃作業時間短縮、麺廃棄量削減

　　1次包装職場：製品切替え時間短縮、麺廃棄量削減

　　2次包装職場：フィルム廃棄量削減、生産時間厳守

　　品質管理：検査業務効率化

その際、製麺ラインから茹で包装ラインに至る麺製造プロセスの麺廃棄量削減のテーマ

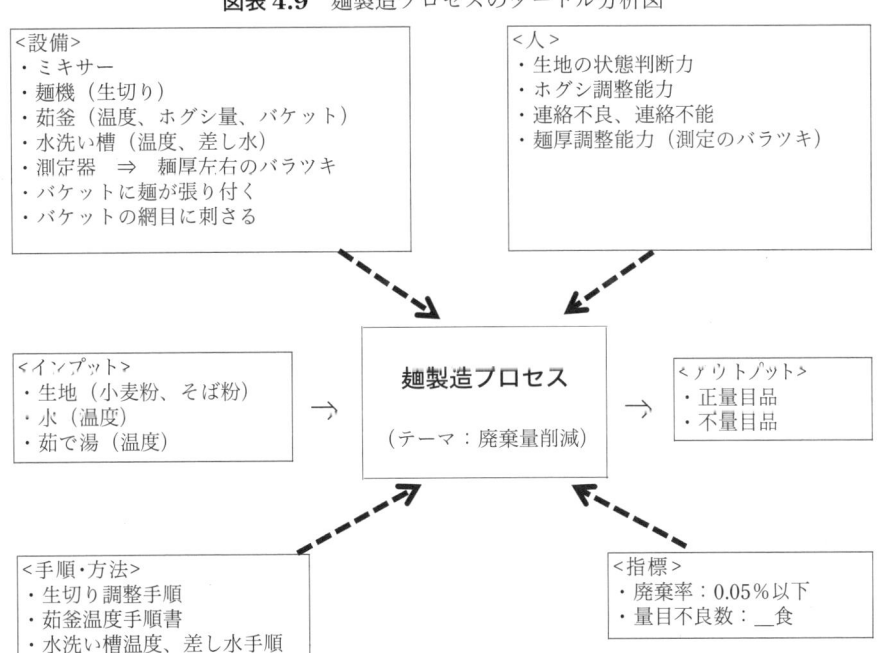

**図表4.9** 麺製造プロセスのタートル分析図

&lt;設備&gt;
・ミキサー
・麺機（生切り）
・茹釜（温度、ホグシ量、バケット）
・水洗い槽（温度、差し水）
・測定器 ⇒ 麺厚左右のバラツキ
・バケットに麺が張り付く
・バケットの網目に刺さる

&lt;人&gt;
・生地の状態判断力
・ホグシ調整能力
・連絡不良、連絡不能
・麺厚調整能力（測定のバラツキ）

&lt;インプット&gt;
・生地（小麦粉、そば粉）
・水（温度）
・茹で湯（温度）

麺製造プロセス
（テーマ：廃棄量削減）

&lt;アウトプット&gt;
・正量目品
・不量目品

&lt;手順・方法&gt;
・生切り調整手順
・茹釜温度手順書
・水洗い槽温度、差し水手順

&lt;指標&gt;
・廃棄率：0.05％以下
・量目不良数：＿食

について、タートル分析を実施したので、その事例を紹介したい。麺製造プロセスは、連続製麺機で切り出した生麺を茹釜で茹で上げ、水洗冷却槽で急冷し包装を行う工程である。このときに、「麺がこぼれたり、包装時の重量不足で廃棄される量を減らす」というテーマでタートル分析図を作成した（図表4.9）。

そこで挙げられた問題点の中で、大きな項目をリストアップした。〈人〉の問題では、生地の状態判断力／茹であがり調整能力／麺厚調整能力などに課題があることがわかった。また〈手順・方法〉では、生切り調整手順／水洗い槽温度、差し水手順などが不十分であることがわかり、これらについて対策を講じていくことになった。タートル分析は、このように問題点を人・設備・手段と多面的に関係者で話し合いながら分析していくことにより、的を射た対策を導き出すことができる。

## 4.8 品質危険予知活動とは

ここでは、品質危険予知活動について述べる。品質危険予知活動での異物の定義は、単に物理的異物だけではなく、細菌ウイルスなどの生物的異物、洗剤・薬剤などの化学的物質も含む。いわば「食品における危害と危害物質（ハザード）」全てが含まれる。重要なことは、何故品質危険予知活動をやるのか、という認識である。この活動を本格的に実施する理由が明快でなければならない。最新式のゾーニングを誇る食品工場でも、管理者が品質危険予知の能力に欠けていれば、異物混入等のクレームが発生する。

次に、筆者が診断・指導した食品工場の事例を述べてみたい。指導前の食品工場は、施設は古いままであるが、動線とゾーニングを整備し、できるレベルで改修修理して、一見衛生管理についてまじめにしっかり取り組んでいるように見えた。ところが、食品の流れている場所や一時保管している場所を点検してみると、上部や周囲にゴミ、埃、ペンキの剥げ片などが落ちる箇所がかなりあり、食品に異物が混入する可能性があったのである。

そこで、現場巡回時に問題箇所をカメラで撮影した。食品残渣が残っている場所、上部に埃が多い場所、機械のあちこちにこびりついた汚れ、ペンキが剥げてすぐに落ちそうになっている場所、機械油とゴミが一緒になってこびりついている場所、といったところがあり、これらを接写した。

そして改善活動の委員会で現場責任者を集め、プロジェクタでこの写真を1つ1つ大きく映した。問題箇所を大きく映し出すと、まだ気が付いていない、一番肝心な、製品に混入しそうな異物の存在や重要な箇所の清掃・洗い残しのあることが認識された。

この検討会を3～4回繰り返すことで、現場責任者が「品質危険予知活動」とは何かを理解することができ、現場作業者に指導できるようになった。また、現場責任者に気付か

せる方法もいろいろある。例えば、細菌検査の結果が悪いデータをグラフや絵でビジュアルに示す、拭き取り検査の結果悪かった所を発表する、クレーム対応に行って顧客にしかられた品質管理担当者の経験談を話してもらう、などといったことも併せて教育に当たるとよい。

　もう1つ、品質危険予知活動の事例を紹介しよう。茨城県竜ケ崎市にある甘納豆の製造業を営む（株）つかもと（写真4.5）は、5S活動を徹底させながら、品質危険予知活動を実施している。同社では衛生管理の基盤を構築するに当たり、前提条件プログラム10項目を考慮した「5S・衛生管理チェックリスト」を活用し、「食品工場での食品安全のための品質危険予知活動」として、自職場を点検する自主点検、各職場が他職場を点検する相

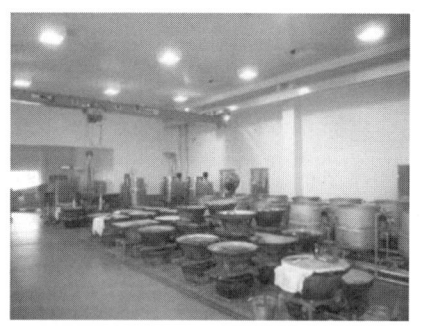

**写真4.5**　（株）つかもと新工場の製造現場

＜改善前＞　　　　　　　　＜改善後＞

**写真4.6**　異物混入対策の改善事例

**写真4.7**　使用期限管理の改善事例

互点検、幹部が全職場を点検する幹部点検を定期的に行い、徹底的な衛生管理と従業員の意識向上を実現してきた。

　改善前は、釜の熱で床の塗料が剥げており、その剥げた塗料が洗浄時の水撥ねで製品に混入するリスクがあった。そこで、床の塗料が剥げかかっているところを全て取り除き、ステンレスのカバーをつけることにより、剥げた塗料が製品に混入するリスクを減らした（写真4.6）。また、倉庫に置いてある原材料の袋には入荷日が記入してあったが、文字が小さくてわかりにくかった。そこで、製品名と入荷日を大きく表示することにより、使用期限管理が確実にできるようになった（写真4.7）。

## 4.9　品質危険予知活動の手法

　食品会社において、品質危険予知活動と同時に活用すれば効果の出る手法に、「ビデオによる危害のリスク分析」という手法がある。この方法は、ある危害の発生に対して絞られた工程作業をビデオで撮影して、それを関係者で見ながら品質上の危険ポイントをリストアップしていき、それを工程表に追記して改善していく手法である（図表4.10）。

　例として、毛髪混入のリスク分析の事例を述べてみたい。ある企業で、固形物の解砕工程と解砕された粉体物を充填する工程があり、この工程上で毛髪混入が発生しているという問題を解決することになった。そこで、この工程をビデオに撮影して毛髪混入の危害を分析し、工程表に記述していく方法をとった（図表4.11）。

　工程表を作成することで、監督者や作業者にビデオを見せながら毛髪混入の可能性のある行為を認識してもらい、改善事項について話し合っていった。この活動により、その後の毛髪混入は発生していない。この活動は、いわゆるビデオを活用した品質危険予知活動と位置づけることができる。

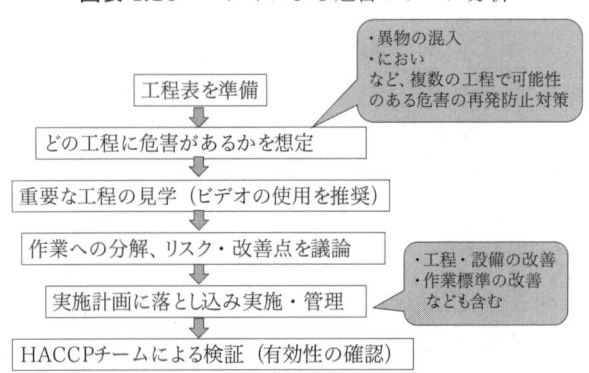

**図表4.10**　ビデオによる危害のリスク分析

工程表を準備
↓
どの工程に危害があるかを想定
↓
重要な工程の見学（ビデオの使用を推奨）
↓
作業への分解、リスク・改善点を議論
↓
実施計画に落とし込み実施・管理
↓
HACCPチームによる検証（有効性の確認）

・異物の混入
・におい
など、複数の工程で可能性のある危害の再発防止対策

・工程・設備の改善
・作業標準の改善
なども含む

品質危険予知活動のもう1つの進め方として、「標準作業チェックリスト」の活用を挙げることができる。このチェックリストは、現場の作業標準に着目したチェックリストである。すなわち現場の作業標準があるか、また作業標準はあったとしても遵守されているか、という観点で現場監督者がチェックするものである（図表4.12）。

作業標準については、現場主導で作成していない場合、現場で活用されておらず形骸化していることが多く見受けられる。また現場監督者の管理力が弱かったり、現場が忙しいと、つい標準作業を守らないこともある。これらのことを改善していくのが、標準作業チェックリストであり、これを活用することによりクレームや不良が確実に減少する。

「ビデオによる危害のリスク分析」や「標準作業チェックリスト」などの品質管理手法は、自動車や電機業界などの異業種においてよく実施されている。これらの手法を食品工場に導入して実施していけば、必ず品質管理の向上が実現するであろう。

**図表4.11**　毛髪混入のリスク分析

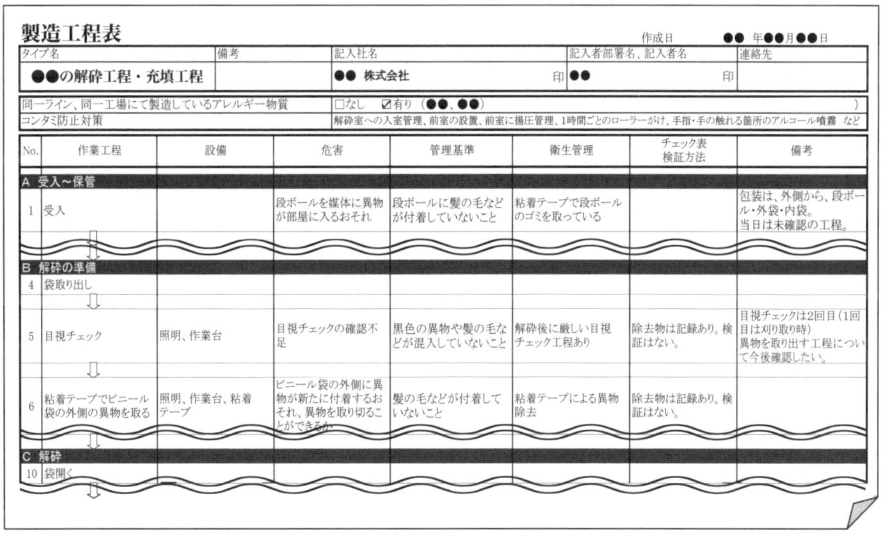

製造工程表

作成日　●● 年●●月●●日

| タイプ名 | 備考 | 記入社名 | 記入者部署名、記入者名 | 連絡先 |
|---|---|---|---|---|
| ●●の解砕工程・充填工程 | | ●● 株式会社　印 | ●●　印 | |

| | |
|---|---|
| 同一ライン、同一工場にて製造しているアレルギー物質 | □なし　☑有り（●●、●●）　） |
| コンタミ防止対策 | 解砕室への入室管理、前室の設置、前室に揚圧管理、1時間ごとのローラーがけ、手指・手の触れる箇所のアルコール噴霧　など |

| No. | 作業工程 | 設備 | 危害 | 管理基準 | 衛生管理 | チェック表<br>検証方法 | 備考 |
|---|---|---|---|---|---|---|---|
| A 受入～保管 | | | | | | | |
| 1 | 受入 | | 段ボールを媒体に異物が部屋に入るおそれ | 段ボールに髪の毛などが付着していないこと | 粘着テープで段ボールのゴミを取っている | | 包装は、外側から、段ボール・外袋・内袋。<br>当日は未確認の工程。 |
| B 解砕の準備 | | | | | | | |
| 4 | 袋取り出し | | | | | | |
| 5 | 目視チェック | 照明、作業台 | 目視チェックの確認不足 | 黒色の異物や髪の毛などが混入していないこと | 解砕後に厳しい目視チェック工程あり | 除去物は記録あり。検証はない。 | 目視チェックは2回目（1回目は刈り取り時）<br>異物を取り出す工程について今後確認したい。 |
| 6 | 粘着テープでビニール袋の外側の異物を取る | 照明、作業台、粘着テープ | ビニール袋の外側に異物が新たに付着するおそれ、異物を取り切ることができるか | 髪の毛などが付着していないこと | 粘着テープによる異物除去 | 除去物は記録あり。検証はない。 | |
| C 解砕 | | | | | | | |
| 10 | 袋開く | | | | | | |

**図表4.12**　標準作業チェックリスト

| | No | チェック項目 | 結果 |
|---|---|---|---|
| 標準 | 1 | 標準作業手順書があるか | ○ |
| | 2 | 標準作業手順書は、現場の作業者にとって見やすいか | △ |
| | 3 | 標準作業方法が細かなところまで決まっているか | △ |
| | 4 | 決められた通り作業すれば、不良品が発生しないか | △ |
| 標準遵守 | 5 | 標準作業が守られているか | △ |
| | 6 | 守りにくい標準作業はないか | ○ |
| | 7 | 標準作業を守る時間的余裕があるか | △ |
| | 8 | カンや経験に頼って作業をしていないか | × |
| | 9 | 難しい調整作業がなく、作業しやすいか | △ |

# 第 5 章　生産性向上のための 5S と IE 改善手法

　第 5 章では、生産性向上を図るために、その基盤となる 5S 活動やワンポイント改善活動、異業種でよく実施されている IE（Industrial Engineering）の分析手法を活用した、段取工程改善、ラインバランス改善、動作経済の原則による作業改善、運搬方法の改善および設備管理などを紹介する。

　IE とは、人、設備、原材料・資材、情報、エネルギー等の生産資源を有効に活用するための、改善に関する総合的工学技術である。IE は 1900 年初頭よりフレデリック・テーラーによりいわゆる「科学的管理法」としてスタートし、その後に行動科学、社会科学、システム工学などの要素を取り込み、多面的な経営管理技術として発展してきている。

## 5.1　食品工場にとっての 5S 活動

　主に製造業において行われている 5S（整理、整頓、清掃、清潔、躾）活動は、改善活動の基本であり、従業員教育にも効果がある。5S は、生産活動や工場改善の基礎条件として必要不可欠であることは言うまでもない。5S の定義は以下の通りである。

　**整理**：いるものといらないものに区分して、いらないものを処分すること
　**整頓**：いるものを所定の場所に、表示をしてきちんと置くこと
　**清掃**：身の回りのものや職場の中をきれいに掃除すること
　**清潔**：いつ、誰が見ても、誰が使っても、不快感を与えないように綺麗にしておくこと
　**躾**　：職場のルールや規律を守ること

　これは、食品製造業においても同様である。この 5S 活動に衛生管理の観点を加えた、食品製造業ならではの 5S 活動を徹底することが基本であり、重要である。一方、HACCP および ISO 22000 の認証を取得するには、一般的衛生管理（PRP：Prerequisite Programme）を構築する必要がある。そのためには徹底的に 5S 活動を行い、常に衛生的な職場を保つことが必要である。以下に、食品工場における 5S 活動の特徴を説明する。

　**整理**：スペースの確保（衛生上、置き場確保、作業性、保守点検上）
　**整頓**：廃棄物の区分、ゾーン区分、原材料／中間品／製品の保管区分、飲料水の区分

**清掃**：施設の周囲、壁、配管、天井、機械等に付着した異物源除去、施設／設備の保守点検および洗浄殺菌、試験検査機器の精度管理

**清潔**：食品接触面、食品包装材料の汚染防止（清潔な作業着、毛髪の混入防止、手洗設備）、床の清潔化、施設／設備／容器／器具の洗浄・殺菌

**躾**：従事者の衛生教育＆決められたことの確実な実行（健康管理、手洗の励行、作業着、マスク等の着衣、記録等）

上記の5S活動を徹底することで、整理による衛生的問題箇所の発見（今まで見逃されていた塗料剥がれや壁の穴など）や作業場の補虫数削減、異物混入リスク削減、交差汚染削減、賞味期限切れの原料使用ないし製品出荷の撲滅を図ることができ、目視だけでなく衛生面も問題ないきれいな製造現場にすることができ、従業員の衛生意識、改善意識も向上する。

## 5.2 5S活動の進め方

食品工場には生産の遂行上、P（Product：生産性）・Q（Quality：品質）・C（Cost：コスト）・D（Delivery：納期）・S（Safety：安全）・M（Morale：士気）を向上させるために各種の改善を行うのであるが、その改善の前提条件として、5Sの整備が必要となってくる。例えば、段取作業を見直し、手順改善・冶工具改善を行って段取時間を大幅に短縮できる仕組みを考え出したとしても、原材料・包装材・冶工具を探し回っていては、狙いの時間短縮の達成はできないことになる。すなわち、5Sが徹底できていないと仕組みの改善が成果に結びつかない。食品安全ISOの構築は仕組みの構築であるが、運用については前述したように5Sが不可欠となる。つまり、5Sは工場改善の基礎、またはISOのスタート台となっているのである。

5Sは直接的、間接的にコストダウンに対しても重要な役割を果たしている。直接的な効果としては、ムダの排除となる。例えば、モノを探し回るムダ、探しているものが見つからずにやむをえず再手配するムダ、必要なものを取り出すのに時間をかけるムダ、不要なものを保管することによるスペースのムダ、不要なものを避けて通る動作のムダなど多く挙げられる。

また間接的な効果としては、5S活動を展開する中で自主改善能力が高められ、改善の進め方を理解できる点がある。全員参加の5S活動で、多くの人がこれらの点を体得することは、コストダウン活動にとって大きな効果となる。ISOの運用そのものも、品質向上だけではなくコストダウンに寄与することは、周知の通りである。ISOに加えて5Sを導入することで、さらなるコストダウンの効果を得ることができるのである。

以上のことを踏まえて、以下に5S活動の手順に沿った進め方を説明する。

**(1) 整理の推進**

整理は5Sの基礎である。このため、5S活動の早い時期にモノの整理（赤札作戦、不要品一掃作戦）を行う。この運動の展開に際しては、不要品基準（図表5.1）を作成し、まず不要品を職場ごとに摘出する。摘出した不要品は、不要品伝票（赤札）（図表5.2）を貼り、ルールに従って廃棄、保管、転用などの処分方法を決める。

**(2) 整頓の推進**

整頓は「必要なものがすぐ取り出せるようにする」ことを狙いに進める。このため、置場所を示す「場所表示」、分類された位置などを示す「位置表示」、品目自体につける「品目表示」などの表示を徹底する（写真5.1）。

その際、各推進区で整頓を実施する際に各推進区が独自のルールで実施すると、推進区

**図表5.1 不要品基準表**

| 対象物 | 区分 | 未使用期間 | 不要品判定 1次 | 不要品判定 2次 | 不要品リスト 要 | 不要品リスト 不要 | 備考 |
|---|---|---|---|---|---|---|---|
| 原材料 製品 | | 賞味期限 | リーダー | 課長 | ○ | | 賞味期限前に相談すること |
| 包装資材 | 包装箱 | 12ヶ月 | リーダー | 課長 | ○ | | |
| | 包装紙 | 12ヶ月 | リーダー | 課長 | ○ | | |
| 設備 | ミキサー | 12ヶ月 | 課長 | 部長 | ○ | | 課長会議で必要な部署を探すこと |
| | パッカー | 12ヶ月 | 課長 | 部長 | ○ | | |
| | フライヤー | 12ヶ月 | 課長 | 部長 | ○ | | |
| 器具 | 包丁 | 12ヶ月 | リーダー | 課長 | ○ | | |
| | まな板 | 12ヶ月 | リーダー | 課長 | ○ | | |

**図表5.2 不要品伝票（赤札）の運用**

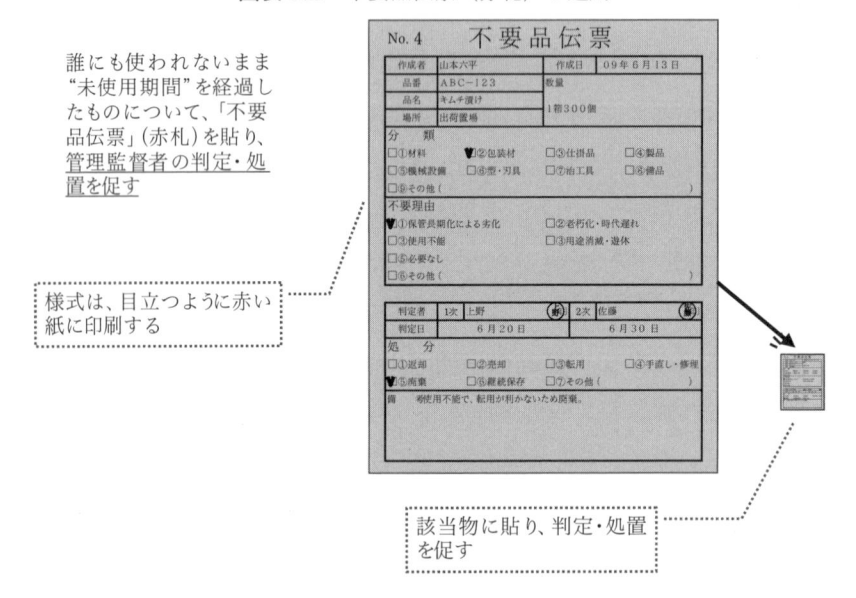

誰にも使われないまま"未使用期間"を経過したものについて、「不要品伝票」（赤札）を貼り、管理監督者の判定・処置を促す

様式は、目立つように赤い紙に印刷する

該当物に貼り、判定・処置を促す

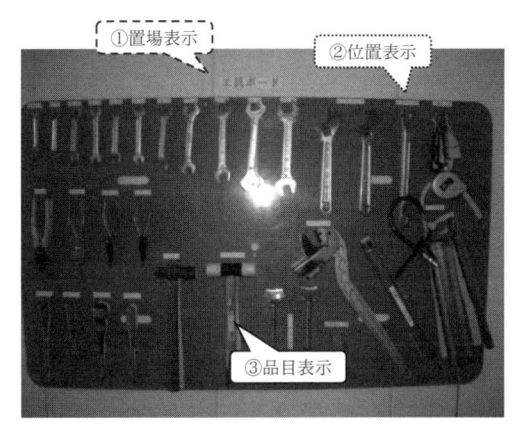

写真 5.1 表示の3要素（置場表示、位置表示、品目表示）

図表 5.3 整頓基準表

```
整頓基準（例）
1. 表示基準
   ◆ 原材料・包装資材、仕掛品、完成品、副産物…品名、品番を表示する
   ◆ 備品…姿絵や収納時の写真を表示する、原材料別に包丁の柄の色を変える
   ◆ 区画線　通路…白　幅○㎜、製品等の置場…黄色　幅○㎜
           不適合品置場…赤　幅○㎜
   ◆ ゾーニング…衛生区域　白、汚染区域　うすい黄
   ◆ （資産）管理番号…全社で共通とする
2. 表示道具
   ◆ 固定的に表示するもの…シール
   ◆ 表示対象が変更するもの…マグネットシート（大きなものを使用する）
   ◆ 棚表示…幅○㎜、白、文字サイズ　ゴシック体　○ポイント
   ◆ 床表示…幅○㎜、白、文字サイズ　ゴシック体　○ポイント
   ◆ 看板…○×○cm、白、文字サイズ　ゴシック体　○ポイント
   ◆ 耐水性のない材質は使わない
   ◆ ちぎれやすく、異物混入の原因となる材質は使わない
3. ファイリング
   ◆ ファイルはA4縦、幅6㎝を標準とする
   ◆ ファイルボックスはA4横、幅7㎝を標準とする
4. 製造現場での持ち込み禁止文具
   ◆ クリップ、画びょう、シャープペンシル、カッター、セロテープなど
```

ごとに置き場、置き方、表示がバラバラになってしまう。そこで、全社的あるいは工場全体で、ある程度統一された置き場、置き方、表示方法、荷姿、容器、道具についての整頓基準・標準（図表 5.3）を作成する。

　置き場・置き方の決定では、整頓対象品目グループごとに置き場・置き方を明確にする。そして整頓基準に従って、以下のように機能的な配置・レイアウトになるように決める。

・製造現場には、その工程で必要なもののみを置く。
・使用頻度の高いものほど身近に置く。逆に、めったに使用しないものは職場外の倉庫や保管場所に置く。
・取り出しやすく、戻しやすい工夫がされているか。
・作業の順番やモノの移動経路が考慮されているか。

表示方法の決定では、置き場・置き方の決まったものについて表示方法を決定する。

・整頓基準に従って、わかりやすい機能的な表示をする。
・異物混入のおそれがある場合は、表示物を貼らない。また、異物混入のおそれがあるような場所に、モノを置かない。
・一目で識別しやすい工夫をする。（製品別、作業別に色分け、不良品置き場は赤の表示、または赤線で囲むなど）

### (3) 清掃の推進

清掃を通して、職場・仕事・設備に関心をもたせ、これらを大事にする心と、現場の改善行動を養うことが大切である。清掃においては一定のルールを作成し、それに従って実施することが大切である。

a. 毎日の短時間の一斉清掃。始業前や終業前後に職場ごとに実施。10～20分程度。
b. 毎週（特に週末）行う一斉清掃。20～30分程度。
c. 毎月行う一斉清掃。30～60分程度。
d. 年に数回行う一斉清掃。2～4時間程度。

「どこを」「だれが」「いつ」「何分で」「どのように」「何を使って」の項目を決めて、清掃分担表を作成することが大切である。清掃分担表（図表5.4）は全員の役割分担についてよく説明し、理解と合意を得て掲示するとよい。5Sリーダーの役割は、ルール通り実施されているかチェックし、必要があれば見直すことである。

### (4) 清潔の推進

清潔は設備管理の基礎づくりともなる。清潔を推進するに当たっては、毎日・毎週・毎月と段階的に、かつ清掃点検掃除も仕事のうちとして、ルールを作り全員で行う必要があ

**図表5.4 清掃分担表**

| No | 曜日 | 清掃場所 | 担当者 | 頻度 | 所要時間 | 実施時間 | 使用用具 |
|---|---|---|---|---|---|---|---|
| 1 | 月曜 | 原材料置場1 | | 1回／週 | 10分 | PM5:00 | |
| 2 | | 原材料置場2 | | ↑ | ↑ | | |
| 3 | | 仕掛品置場1 | | ↑ | ↑ | | |
| 4 | 火曜 | 階段 | | ↑ | ↑ | | |
| 5 | | 仕掛品置場2 | | ↑ | ↑ | | |
| 6 | | 工具棚 | | ↑ | ↑ | | |
| 7 | 水曜 | 仕掛品置場3 | | ↑ | ↑ | | |
| 8 | | 完成品置場 | | ↑ | ↑ | | |
| 9 | | 洗浄剤・殺菌剤置場 | | ↑ | ↑ | | |
| 10 | 木曜 | 送風機 | | ↑ | ↑ | | |
| 11 | | 食品用潤滑油置場 | | ↑ | ↑ | | |
| 12 | | 通い箱置場 | | ↑ | ↑ | | |
| 13 | 金曜 | ボイラー室 | | 1回／月 | ↑ | | |
| 14 | | 窓 | | ↑ | ↑ | | |
| 15 | | 通路機械周り | | 毎日 | 5分 | | |

る。また、洗浄・殺菌を清潔の中で位置付けて推進するところもある。清掃と同じく、日常洗浄・殺菌ルールを作成し、実施していくとよい。

　a．毎日洗浄・殺菌　…　通常作業終了後に、作業担当者が行う。対象は、機械、器具など。1～2時間程度。

　b．毎週（特に週末）行う一斉洗浄・殺菌。対象は、床面や壁面。1～2時間程度。

洗浄は、「だれが」「何を（どこを）」「いつ」「何分で」「どのように」「何を使って」の項目を決めて、洗浄分担表を作成する。洗浄分担表は、全員の役割分担についてよく説明し、理解と合意を得て掲示する。殺菌は、どのような手順で行うかを明確にし、殺菌手順書を作成する。

**(5)　躾の推進**

ISOの運用は、組織で決めたことが守られているかが基本となってくる。この、決めたことを「守る」ということがなかなかできない。そこで3S（整理・整頓・清掃）を徹底的に実施することにより、躾が育成されISOの遵守においても効果が表れる。

躾の中には、5S活動の徹底・定着が含まれるが、それを具体的に実行していくには、5S点検チェックリスト（図表5.5）を活用した自主点検、相互点検、幹部点検の実施や、5Sコンクールを定期的に実施することで定着を図っていく。5Sコンクールは、経営層がトップダウンとして5S活動を推進していくための効果的なツールとなる。半年ないしは1年間の活動の成果を発表して、その中で優秀チームを表彰することで、改善活動自体の活性化を図る狙いがある。

## 5.3　目的指向別改善活動の進め方

食品工場における5S活動の進め方に付随して、食品製造部門では目的指向別改善活動がある（図表5.6）。項目は、「品質・食品安全」「コストダウン・生産性向上」「納期・在庫・リードタイム短縮」「労働安全」、「環境・省エネ」の5つが挙げられる。

大分類は"食品製造加工"であり、中分類は"前段取り""本作業""後段取り""施設・設備管理"に分割し、それぞれ前述の5項目に関して、「5S」「目で見る管理」「IE」「教育」「改善」の観点からチェック項目を導き出している。

例えば、その製造部門がコストダウン・生産性向上の課題を抱えている場合は、マトリックスの該当部門についてチェックしていけばよい。以下にチェック内容例を示す。

・探すムダ・動作のムダ・移動のムダがない置場・置き方になっているか
・使用頻度に応じてモノの置き場所を決めているか
・前段取りの標準時間が決められているか

**図表 5.5** 5S点検チェックリスト（製造現場用）

| 職場名 | 点検者 | | | | | 点検日　年　月　日 | |
|---|---|---|---|---|---|---|---|
| | 点検項目 | 大変良い | 良い | 普通 | 悪い | 大変悪い | 備考 |
| | | 10点 | 8点 | 6点 | 4点 | 2点 | |
| 整理 | 1．不要な原材料・仕掛品が置かれていないか | | | | | | |
| | 2．不要な機械部品・治工具が置かれていないか | | | | | | |
| | 3．不要な消耗品（包装材等）が置かれていないか | | | | | | |
| | 4．不要な掲示物はないか | | | | | | |
| | 5．不要品と判定されたものが放置されていないか | | | | | | |
| 整頓 | 6．原材料・仕掛品・完成品の定置・表示がされているか | | | | | | |
| | 7．機械部品・治工具の定置・表示がされているか | | | | | | |
| | 8．消耗品（包装材等）の定置・表示がされているか | | | | | | |
| | 9．ラック、棚などの表示がきちんとされているか | | | | | | |
| | 10．棚や机の中がきれいに整頓されているか | | | | | | |
| | 11．パレットを置く時の平行・直角が守られているか | | | | | | |
| | 12．製造機械の周りはきれいに整頓されているか | | | | | | |
| 清掃 | 13．通路にゴミが落ちていないか | | | | | | |
| | 14．製造機械がきれいに清掃されているか | | | | | | |
| | 15．机の上、まわりがきれいに清掃されているか | | | | | | |
| | 16．棚やロッカーが、きれいに清掃されているか | | | | | | |
| | 17．清掃当番表通りに、清掃が行われているか | | | | | | |
| 清潔 | 18．製造機械がきれいに磨かれているか | | | | | | |
| | 19．床がきれいに磨かれているか | | | | | | |
| 洗浄殺菌 | 20．機械・設備に食品残渣などが残っていないか | | | | | | |
| | 21．容器・器具に食品残渣などが残っていないか | | | | | | |
| | 23．床面・壁面に食品残渣などが残っていないか | | | | | | |
| | 24．洗浄・殺菌は、ルール通りに実施されているか | | | | | | |
| 躾 | 25．きめられた衣服を正しく身に着けているか | | | | | | |
| | 26．きめられた記録は、ちゃんとつけられているか | | | | | | |
| | 27．挨拶がきちんと交わされているか | | | | | | |
| | 28．時刻・時間がいつもきちんと守られているか | | | | | | |
| | 合　計 | | | | | | |

点　検　所　感

平　均　点
　　　　　点
合計点　÷　点検項目数　×10＝　平均点

第 5 章　生産性向上のための 5S と IE 改善手法

図表 5.6　目的指向別改善活動マトリックス表

年　　月　　日　　部署：

| 大分類 | 中分類 | 品質・食品安全 | 評価 | コストダウン・生産性向上 | 評価 | 納期・在庫・LT短縮 | 評価 | 労働安全 | 評価 | 環境・省エネ | 評価 |
|---|---|---|---|---|---|---|---|---|---|---|---|
| 食品製造加工 | 前段取り | 手洗い方法など衛生管理ルールの掲示がされている | | 探すムダ・動作のムダ・移動のムダがない置場・置き方 | | 小ロット生産に対応するための段取時間短縮が進められている | | 保護具の着用を促す表示ができている | | 冷蔵庫・冷凍庫の管理温度を見直しできないか検討している | |
| | 前段取り | 原材料・包装材の先入れ先出しができている | | 使用頻度に応じて置き場所を決めている | | 当日の作業予定が見えてわかるようになっている | | 危険物・有害物の置き場所の一目でそれとわかる表示 | | 冷蔵庫・冷凍庫の場合、管理温度を表示 | |
| | 前段取り | 使用する順番で、原材料が並んでいて、間違いのない作業の遂行ができる | | 前段取りの標準時間が決められている | | 当日使用する原材料、資材のみ準備している | | 設備前段取時の安全施策が行われている（アース・アルーブ、インターロック等） | | 作業開始前のムダな電源使用はない | |
| | 前段取り | 適切な機械条件設定を間違えずに行えるようになっている | | | | | | 安全装置が動くかどうか使用前点検がされている | | | |
| | 本作業 | 加熱温度管理、金属探知機管理、教育訓練管理など重要管理点が表示されている | | 作業のスキル管理、教育訓練管理ができている | | いま現在の作業進度が見てわかるようになっている | | 無理な姿勢での作業がされていない | | 作業中のムダな電源使用はない | |
| | 本作業 | 重要管理点の汚染した時の処置が表示されている | | 手際良くやるためのコツが作業手順書などで見てわかるようになっている | | 製品の工程の状態が一目でわかる置場・置き方・表示 | | 設備稼働時の安全施策が行われている（アース・アルーブ、インターロック等） | | 電源使用ルールが見てわかるようになっている | |
| | 本作業 | 工場全体で、ホッチキス、クリップ、カッターの使用を禁じている | | 動作経済の原則に基づいた物の配置 | | ライン化されて加工即包装するようになっている | | 安全な高所作業がされている | | | |
| | 本作業 | 製品の良品、不良品の状態が一目でわかる置場・置き方・表示 | | 本作業の標準時間が決められている | | 作業の負荷が大きい時に応援体制がとれている | | 床はすべらないように工夫している | | | |
| | 本作業 | 置場を備する、区別がしやすい表示や識別表示がされている | | 標準時間より作業工数が少ない作業者は教育の実施がされている | | | | | | | |
| | 本作業 | 作業手順の利違を防ぐためのポカヨケや識別表示がされている | | | | | | | | | |
| | 本作業 | 製品と廃棄物が交差汚染しないようになっている | | | | | | | | | |
| | 後段取り（洗浄など） | 作業手順書や品置チェックリストに不具足を防ぐための要件が入っている | | 設備洗浄の標準時間が表示されている | | 小ロット生産に対応するための洗浄時間短縮が進められている | | 設備後段取時の安全施策が行われている（アース・アルーブ、インターロック等） | | 作業終了後のムダな電源使用はない | |
| | 後段取り（洗浄など） | テレジテンのコンテナーや器具類を徹底している | | 出荷期限切れ間近の商品の表示がされている | | 設備故障対策で予備品の管理・表示がされている | | 施設・設備等の鋭角部に安全保護がされている | | 廃棄物の分別基準、回収ルールが見てわかるようになっている | |
| | 後段取り（洗浄など） | 設備洗浄のポイントが表示されている（洗い残しがないように） | | 使用期限切れ間近の商品の原材料・仕掛品の表示がされている | | 消耗品の交換時期が明確になっている | | 危険箇所、トラテープや危険箇所表示などで明確になっている | | | |
| | 後段取り（洗浄など） | 床の洗浄剤・洗浄をしっかり行っている | | 設備洗浄の標準時間が表示されている | | 設備トラブル履歴を残し、再発防止対策がされている | | 地震等の設備・機械・棚などの転倒防止対策ができている | | | |
| | 施設・設備管理 | 清掃・洗浄しやすい設備などのレイアウトになっている | | | | | | | | 設備の消費電力を管理している | |
| | 施設・設備管理 | 作業場でのネズミや昆虫の削減管理ができている | | | | | | | | | |
| | 施設・設備管理 | | | | | | | | | | |

- 作業のスキル管理、教育訓練管理ができているか
- 手際良くやるためのコツが作業手順書などで見てわかるようになっているか
- 動作経済の原則に基づいた人とモノの配置ができているか
- 本作業の標準時間が決められているか
- 標準時間より作業工数がかかる作業者に教育が実施されているか
- 設備洗浄の標準時間が表示されているか
- 出荷期限切れ間近の商品の表示がされているか
- 使用期限切れ間近の原材料・仕掛品の表示がされているか
- 設備洗浄の標準時間が表示されているか

このように、目的指向別に該当する製造部門をチェックしていき、優先順位を決めて改善を推進していくとよい。

## 5.4　ワンポイント改善活動の推進

　前項で述べたように、5Sは直接的、間接的に品質や生産性の向上に対しても重要な役割を果たしている。直接的な効果としては、先にも示したが、ムダの排除につながる。間接的な効果としては、5S活動を展開する中で自主改善能力が高められ、改善の進め方を理解できる点にある。全員参加の5S活動で、多くの人がこれらの点を体得することは、食品工場にとって大きな効果となる。この5Sを進めていく中で、「ワンポイント改善活動」がある。

　ワンポイント改善活動とは、改善効果のあるところを1つ取り上げて、期限を決めてチームで改善していく手法のことである。例えば、「整頓しても、すぐに崩れやすい場所」を定点観測するなどして定着化を図っていく。そうすることにより、改善目的がより明確になりチームとしても活動しやすくなるというメリットがある。

　中京地区を営業拠点とする「スギモトグループ」は、生産・加工・販売といった食肉流通の川上から川下までをトータルで網羅している。全国の卸業者、デパート・ホテル・スーパー・外食産業などへの卸部門、小売直売部門、レストラン事業部などを有する「杉本食肉産業」、そして食肉処理・加工・加工食品製造を行う「愛知畜産加工協同組合」、スーパーへの出店や肉の専門店を運営する「杉本ミートチェン」といった構造となっている。グループの中核である杉本食肉産業（株）は、1900年に個人精肉店として名古屋市中区に誕生した。以来百余年、「食肉産業を通じ、食文化の向上に貢献しよう」をモットーに事業展開している（写真5.2）。

　当グループは、畜産事業から小売流通、レストランに至る垂直統合化、多角化を図って

**写真 5.2** 杉本食肉産業（株）の営業本部と店舗

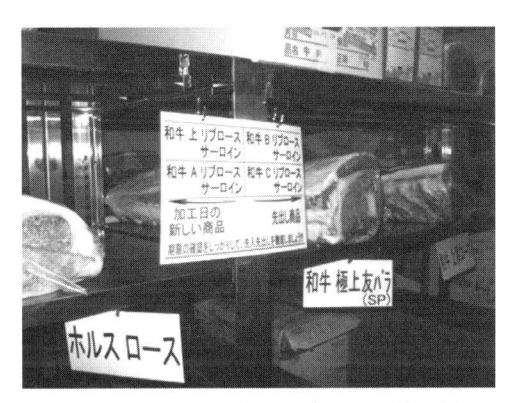

**写真 5.3** 冷蔵庫内の鮮度管理改善事例

おり、顧客の意向に沿った商品提供を実現することにより、愛知県下においても最大規模の生産能力を誇り、全国でも五本の指に入るほどの品質と信頼を高め、長年にわたって安定成長を続けている。食肉に求められるのは「おいしさ」だけではなく、まずはなによりも「安全」であるとの考えの下で、同社は徹底した衛生管理を実践してきた。2007年7月には、同社のギフト加工センターにて、また2011年1月には業務卸の分野で、業界に先駆けてISO 22000を認証取得した。

同社はISO 22000を認証取得してから、安全安心の継続的改善を図っていくために、現場改善活動として「5Sのワンポイント活動」を実施している。四半期ごとにワンポイント改善の目標を立てて活動し、発表会を実施するというものである。製造現場や事務現場を合わせて10チームが活動している。写真5.3は、業務卸の冷蔵庫担当チームによる肉の先入れ・先出しによる鮮度管理の改善事例である。冷蔵庫内は、肉の定置化が徹底され、安全安心はもとより目的物を探す時間が短縮され、生産性が大幅に向上した。

同社ではワンポイント改善活動として、経営層が10チームの現場を回り採点する。そのあと従業員を集めて改善活動発表会を実施して、その発表内容を加点して順位を決め、上位3チームに対して表彰している。これにより継続的改善に向けた全従業員のモチベー

**写真 5.4** ワンポイント改善活動発表会と表彰の様子

ションが上がり、ISO 22000 をはじめとした衛生管理活動に良い影響を与えている（写真5.4）。

## 5.5 段取作業改善の進め方

　食品工場における段取作業改善は、生産性向上に大きく寄与することが多い。段取作業とは、食品を生産している以外の時間であり、すなわち準備作業や後片付け作業、生産中の品種切替え作業などが相当する。ここでは、食品製造にとって特に重要な、段取りの作業改善の進め方について事例を基に説明する。特に生産後における機械の分解・洗浄は、食品製造業にとって時間の多くかかる項目となる。

　段取作業改善への取り組み体制を確立する第1歩は、改善の目的を明確にすることであり、なぜ段取作業時間を短縮しなければならないのか、時間が短くなるとどういうメリットがあるのかといったことを明確にしておくとよい。つまり、稼働率の向上によるコストダウンはもちろんのこと、賞味期限に縛られ多品種少量生産を行っている食品工場においては、小ロット生産を可能にするためということが、その目的になると考えられる。

　次に、段取作業改善の目標を決める。例えば、「段取作業時間30％短縮」などといったことである。食品加工作業と違って、準備や後始末の段取作業は工場にとって付加価値を生まないものなので、可能なら段取作業時間をゼロにするのが理想である。5％や10％低減といった低い目標を設定してしまうと大胆な改善がされにくくなるので、可能な限り高い目標を立てるとよい。

　段取作業改善は、きちんとした調査と分析を行って系統的に進めていく。改善の手順は、以下の方法で行うのが効果的である。

　　① 段取作業における一連の作業項目を洗い出す。実際の段取作業を行っている場に立会い、ストップウォッチを用いて各作業項目の時間測定を行う。

　　② 時間測定と同時に、各作業項目を内段取り（機械を停止して行う段取り）と外段

取り（機械を停止しなくてもできる段取り）に分け、気付いた点などがあればメモを取る。

③　各作業項目に対して、即排除できるものはないか、内段取りから外段取りに移行できるものはないか、段取作業時間そのものを縮められるものはないか検討する。その際は、時間を多く要している作業項目から検討を始めると効果的である。さらに段階的に調整作業の短縮化などに取り組み、最後にお金のかかる改善にチャレンジするとよい（図表5.7）。

④　分析・検討結果をもとに、考えられる改善案をできるだけたくさん抽出する。アイデアがたくさん出るように、ブレーンストーミング法で自由に意見を述べ合う方法も使われる。

⑤　抽出された改善案の中から、どれを採用して実行していくか決めていくが、大きな効果が見込まれて実現可能性の高いものから取り組んでいくことになる。選定された改善案については、実施スケジュールを立てて取り組んでいくとよい。

段取改善を実施する際に重要なポイントは、改善の着眼点のアイデア出しである。つまり、付加価値を生まない作業（移動、取り置き、調節、手待ち、検査など）を簡素化できないかどうかを検討するとよい。具体的には、1つ1つの作業を以下の観点から検討して

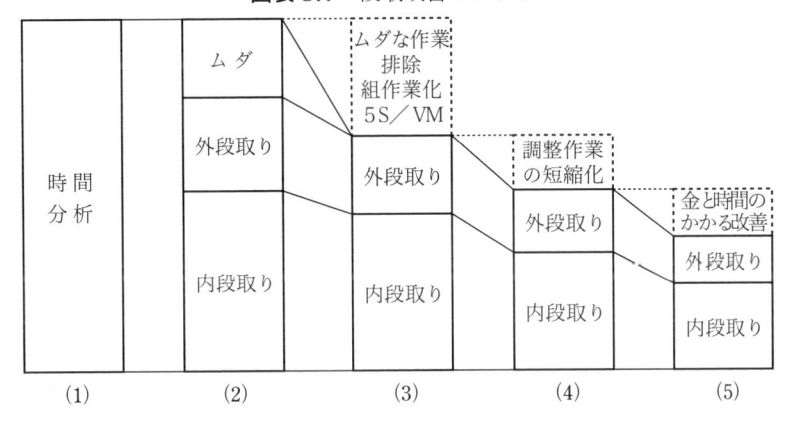

**図表5.7　段取改善のステップ**

(1)・段取時間の実態を把握する
　　・ビデオ撮影で分析する

(2)・現状の段取作業を分析して
　　①内段取作業、②外段取作業、③ムダな作業、に分ける

(3)・お金のかからないムダどりを実施
　　①内段取りのムダどり、②外段取りのムダどり、③ムダの排除、④内段取り→外段取りに

(4)・少しお金をかけて段取時間の短縮を実施
　　①内段取りの時間短縮、②外段取りの時間短縮、③内段取り→外段取りに

(5)・お金と時間をかけて段取時間の短縮を実施
　　①内段取りの時間短縮、②外段取りの時間短縮、③内段取り→外段取りに

いく。
- その作業は排除できないものか
- その作業は他の作業とまとめて行えないか
- その作業は他の作業と入れ替えて効率化できないか
- その作業は簡素化できないか
- その作業は作業者による時間の差異はないか

一例として、食品企業における段取改善の事例を紹介する。

まず充填工程において、稼働率を上げるために、どの段取作業を重点に改善すればよいのかを把握するのに、ストップウォッチを用いて1週間の各作業項目の時間測定を行った。その結果、後段取作業と週末清掃に時間がかかっていることが判明した。そこで、改善は

**図表5.8 充填作業の時間分析結果**

| 450分 | 人数 | 月 | 火 | 水 | 木 | 金 | 合計時間 | 5人合計 |
|---|---|---|---|---|---|---|---|---|
| 稼働 | 5 | 357 | 387 | 387 | 387 | 222 | 1740 | 8700 |
| 前段取り | 5 | 5 | 5 | 5 | 5 | 5 | 25 | 125 |
| フィルム交換 | 5 | 8 | 8 | 8 | 8 | 8 | 40 | 200 |
| 一時停止時間 | 5 | 20 | 20 | 20 | 20 | 20 | 100 | 500 |
| 充填機組立 | 5 | 30 | | | | | 30 | 150 |
| 充填機解体 | 5 | | | | | 25 | 25 | 125 |
| 解体時清掃 | 5 | | | | | 20 | 20 | 100 |
| 部品洗浄 | 5 | | | | | 60 | 60 | 300 |
| 後段取り | 5 | 30 | 30 | 30 | 30 | | 120 | 600 |
| 週末清掃 | 5 | | | | | 90 | 90 | 450 |
| ロス時間 | 5 | 93 | 63 | 63 | 63 | 228 | 510 | 2550 |
| 7.5h 450分 | 5 | 450 | 450 | 450 | 450 | 450 | 2250 | 11250 |

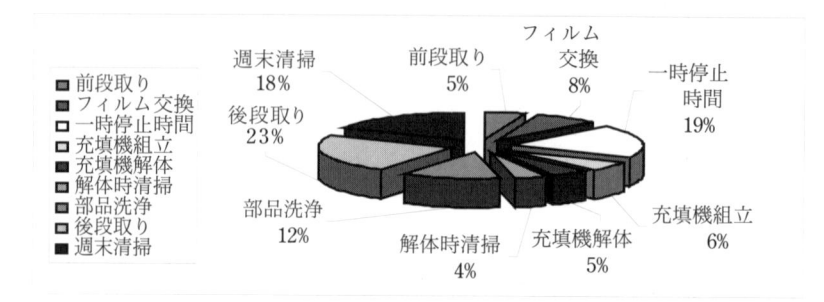

週末清掃 18%
後段取り 23%
部品洗浄 12%
解体時清掃 4%
充填機解体 5%
充填機組立 6%
一時停止時間 19%
フィルム交換 8%
前段取り 5%

**図表5.9 部品洗浄作業の工程分析**

| | 改善個所 | 改善前 | 改善後 | 短縮時間 | 改善内容 |
|---|---|---|---|---|---|
| 1 | 部品の取り外し | 15分 | 12分 | 3分 | 部品の取り外し順を明確化した |
| 2 | 流水による残渣流し | 10分 | 7分 | 3分 | 流し方の手順・時間・程度を明確化した |
| 3 | 洗剤を使用したこすり洗い | 15分 | 8分 | 7分 | こすり洗い方法を抜本的に見直し、手順を明確化した |
| 4 | 温水によるすすぎ | 10分 | 8分 | 2分 | すすぎの手順を明確化した |
| 5 | 次亜塩素酸ナトリウムによる殺菌 | 10分 | 8分 | 2分 | 殺菌方法を明確化した |
| | 合計 | 60分 | 43分 | 17分 | |

（改善前：60分　改善後：43分）

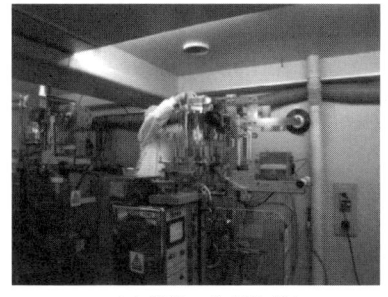

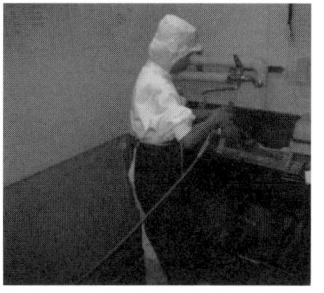

第5章 生産性向上のための5SとIE改善手法

<充填機の分解作業>　　　　<部品の洗浄作業>

**写真 5.5** 充填工程の段取作業

この2つの項目から実施することになった（図表5.8）。

次に、部品の洗浄時間に着目して、部品洗浄の段取工程分析を行った（図表5.9）。写真5.5は、ある食品会社で充填機を洗浄するために分解しているところと、部品を洗浄しているところである。まずビデオ撮影を実施し、それを元に洗浄工程を5つのパートに分解して、それぞれの時間を計測した。そしてビデオを見ながら関係者で改善案を話し合った。その結果、改善前には60分かかっていたものが、改善後には43分となり、1人当たりの作業時間が17分の短縮となった。充填工程には5人が携わっているので、合計85分の短縮となり成果を出すことができた。

## 5.6 ラインバランス改善の進め方

食品工場には、弁当や総菜を生産する際に、複数の作業者でラインを構成する場合がある。何人かの作業者が、生産ラインの工程を分業して作業を行い、生産品を一定の速さで順次前工程から後工程へ流していく方法を流れ作業方式という。この場合、各工程を分担する作業者の作業時間が均一化されていないと、手待ちや仕掛品の停滞が発生する。

例えば図表5.10の改善前では、第1工程の時間が短く第2工程の時間が長いために、仕掛品がたまり滞留が発生する。また、第3工程は第2工程より時間が短いために、手待

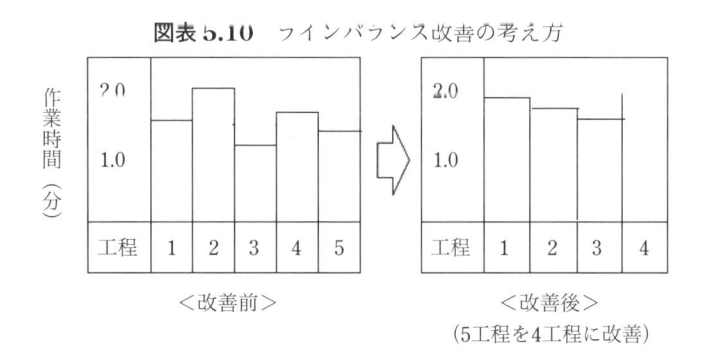

**図表 5.10** ラインバランス改善の考え方

<改善前>　　　　<改善後>
（5工程を4工程に改善）

ちが発生する。このような手待ちや仕掛品の停滞の結果として、工数のムダ、在庫のムダ、不良のムダなどが発生するのは、ラインバランスが取れていないからである。

ラインバランスとは、各工程の作業時間の均一化の度合いのことである。したがって、流れ作業方式を採用するに当たっては、ラインバランス分析を実施して、各工程の作業時間を極力均一化するようにすること、すなわちラインバランスのよい生産ラインにすることが重要である。

ラインバランスの状態を定量的に評価する場合、"バランス効率"という物差しで表し、次の式で求められる。

$$バランス効率（\%） = \frac{各工程の所要時間の合計}{各工程の所要時間の内で最大の時間 \times 工程数} \times 100$$

また、バランス効率の逆数を"バランスロス率"といい、次の式で求められる。

$$バランスロス率（\%） = 100 - バランス効率（\%）$$

**図表 5.11　ラインバランス分析事例**

| No. | | 作成日 | 2012年4月5日 | | | 観測日 | | 2012年4月1日 | | |
|---|---|---|---|---|---|---|---|---|---|---|
| 工程 | | 白菜ライン | 製品 | ○○○ | | | 作成者 | ○○　△△ | | |

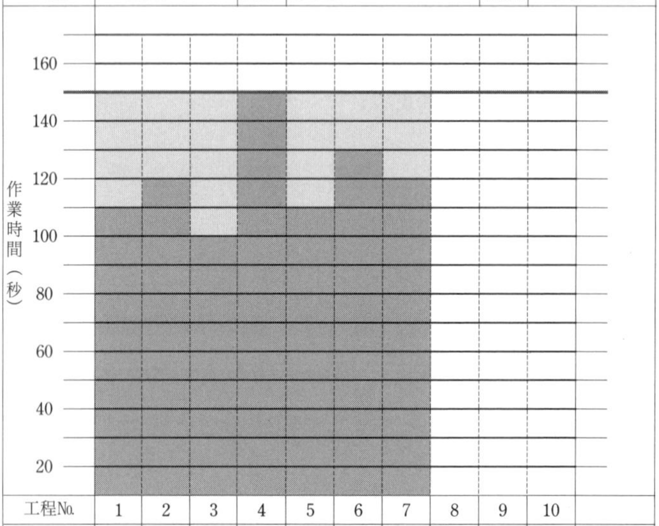

| 工程No. | 1 | 2 | 3 | 4 | 5 | 6 | 7 | 8 | 9 | 10 | |
|---|---|---|---|---|---|---|---|---|---|---|---|
| 工程内容 | 2つ割り | 4つ割り | 根取り | トリミング | スライス | トリミング | 洗浄 | | | | 計 |
| 人数a | 1 | 1 | 1 | 1 | 1 | 1 | 1 | | | | 7 |
| 正味時間b | 110 | 120 | 100 | 150 | 110 | 130 | 120 | | | | 840 |
| b÷a＝c | 110 | 120 | 100 | 150 | 110 | 130 | 120 | | | | 120 |
| ラインバランス効率 | 80.0 | | 計算式＝（b／(最長工程時間×a)）×100 | | | ラインバランスロス率 | | 20.0 | | 計算式＝100－ラインバランス効率 | |

例えば、白菜ラインの事例で計算してみよう（図表5.11）。工程数は7つであり、人数は7名。図を見ると、4工程目である"トリミング"に時間がかかっており、そこがネック工程であることがわかる。ラインバランス効率は80％であり、ラインバランスロス率は20％となる。一般的に、ラインバランス効率が85％を下回ると、ライン化のメリットが出にくいといえるので、ラインバランス効率を見て、現状のライン効率がどのようなレベルか判断する。図表で示されたピッチダイアグラムの形を見ると、次のような改善の着眼点が得られる。

① 問題工程（最も長い時間の工程）はどれか
② 最も短い時間の工程はどれか
③ ピッチダイアグラムの凹凸の状態はどうか
④ トップ工程や最終工程が問題工程になっていないか（トップ工程や最終工程は通常、その前後工程との連絡などの関連作業があるため、余裕を持たせる）

次に改善案の立案となるが、以下の手順で実施するとよい。

① サイクルタイムの算出

改善後のライン編成を設計するに当たっては、最初にサイクルタイムを算出する必要がある。サイクルタイムは、1日の稼働時間を必要生産数で割った、製品1個当たりの生産時間であり、このサイクルタイムで作業すれば、作り過ぎはなくなる。

② ラインバランス改善とライン編成

各工程の製品1個当たりの作業時間とサイクルタイムを比較してみて、差がある場合は工程を分割したり、結合したりしてライン編成を検討する。ライン編成を行う場合の指標となるのがラインバランス効率で、これが高くなるように改善を進めることが大切である。

③ 改善後のピッチダイアグラムの作成

サイクルタイムに合わせたラインバランス改善とライン編成を実施したら、改善後のピッチダイアグラムを作成する。

## 5.7 動作経済の原則による作業改善の進め方

食品工場の生産性には人的要因が大きいが、この作業改善を進めるに当たり"動作経済の原則"による作業改善は重要なファクターになる。IEの発展とともに、ギルブレス夫妻は、作業研究を整理して"動作経済の原則"をまとめた。疲労を少なくして有効な仕事量を増やし、効率的に作業するための経験的な原則の考え方は、作業改善の基本的な考え方であり、食品工場にも活用されるべきである。

**図表 5.12 動作経済の原則**

| 基本原則 | 1. 動作の数を減らす | 2. 動作を同時に行う | 3. 動作の距離を短くする | 4. 動作を楽にする |
|---|---|---|---|---|
| ヒント / 要素 | "探す、選ぶ、用意する"を必要以上に行っていないか | 一方の手の手待ち、保持が発生していないか | 不必要な大きい動作を行っていないか | 要素動作の数を減らせないか |
| A. 動作方法の原則 | ①不必要な動作をなくす<br>②目の動きを少なくする<br>③2つ以上の動作を組み合わせる | ①両手は同時に動かし始め、同時に終わる<br>②両手は同時に反対、対象に動かす | ①動作は最適身体部位で行う<br>②動作は最短距離で行う | ①動作は制限のない楽な動作に近づける<br>②動作は重力や他の力を利用する<br>③動作の方向やその変換は円滑にする |
| B. 作業場所の原則 | ①原材料や包装材は作業者の前方一定の場所に置く<br>②原材料や包装材は作業順序に合わせて置く<br>③原材料や包装材は作業しやすい状態に置く | ①両手の同時動作ができるように配置する | ①作業領域は支障のない限り狭くする | ①作業位置の高さは最適にする |
| C. 治工具・機械の原則 | ①原材料や包装材のとりやすい容器や器具を利用する<br>②2つ以上の工具は1つに組み合わせる<br>③機械の操作は、1動作で行える機構にする | ①対象物の長時間の保持には保持具を利用する<br>②簡単な作業または力を要する作業には足／脚を使う器具を利用する<br>③両手の同時動作ができる方法を考える | ①原材料の取り出し・送り出しには重力や機械力を利用する<br>②機械の操作位置は動作の最適身体部位で行えるようにする | ①一定の運動経路を規制するために治具やガイドを利用する<br>②見える位置で楽に位置合わせできる治具にする<br>③機械と移動方向を同じにする<br>④工具は軽く扱えるようにする |

"動作経済の原則"（図表5.12）は、①身体使用の原則、②作業場所の原則、③工具設備設計の原則、の3つの項目から構成されているが、そのキーワードは「動きを減らす、同時に行う、楽にする」である。

例えば、毎日1,000個の弁当の惣菜をトッピングしている作業者は、1,000回同じ動作を繰り返す。そこで、惣菜をトッピングするために、30cm離れた惣菜箱に手を移動させ

第 5 章　生産性向上のための 5S と IE 改善手法　　71

**図表 5.13**　作業領域の考え方

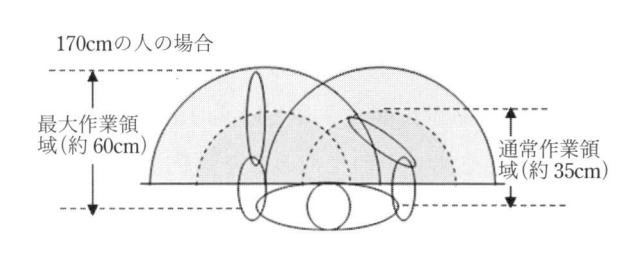

るのと 20cm 離れた惣菜箱に手を移動させるのでは、10cm の差がある。これを 1,000 回繰り返せば、その動きの差は 200m（＝ 100m ×往復）になる。これは、ムダな作業を繰り返していることになり、当然時間的なロスも発生してくる。また、作業者の疲労度合も違ってくるので、注意力が散漫になり品質問題が起きる要因にもなる。

"動作経済の原則"において、右手または左手をいっぱいに前に伸ばしたときの手の届く範囲を「最大作業領域」、手を自然に下に下げた状態で肘から先が届く範囲を「通常作業領域」としており、「通常作業領域」で作業できる範囲が、効率的で疲労が少ないといわれている（図表 5.13）。

動作分析等で、熟練作業者といわれる人の作業を VTR に録画して確認すると、"動作経済の原則"を経験的に実行しており、そこでは以下の特徴が見られる。

① 具材／包装材を、自分の手元に配置している
② 身体の軸が動かずに、両方の腕や手の肩から先だけが動いている
③ リズミカルに同じ動作を同じ順番で繰り返している

反対に、経験の浅い作業者は作業の順番もバラバラで、1 つ 1 つの動きがぎこちなく見える。どちらが効率的で疲労が少ないかは明らかである。

作業者は、自分の作業場所を自分自身のものと思っていて、他の人の意見（干渉）を嫌がる人もいるので、誰かが「こうすべきだ、ああしよう」と原則に基づいた改善案を並べても、「聞く耳持たず」ということになりかねない。したがって、多少時間はかかるが「相手に説明して」「自分でやってみせて」「その効果を相手に体験させること」で結果的に作業者の理解が得られ、改善が早く進むことになる。その際、客観的なデータ（改善前後の VTR や作業時間）を作業者に提示すると、より効果的である。

## 5.8　運搬方法改善の進め方

食品工場におけるレイアウトは、「衛生区域」「準衛生区域」「汚染区域」に区分し、交差汚染が生じないように、またモノの流れがスムーズになるようにゾーニングを決定して

いる。これは第6章に詳細を記述するが、ここでは原材料・仕掛品・製品の運搬効率を向上させる改善手法を説明する。

　食品製造工程をモノの流れを中心に見ていくと、「加工」「運搬」「検査」「停滞」の4つに大きく分けられる。この中で、一番ムダなコストを発生させているのが運搬である。一般には、加工原価の20～30％は運搬費であるともいわれており、その内訳は、運搬専任者の人件費、工程作業者の運搬作業工数、運搬装置の維持費や減価償却費などである。

　以上のことから、まず「運搬をなくす」ことを第一に考える必要がある。その上でどうしても運搬が必要であれば、距離、時間、回数を減らして最小限の工数で済むように考えていくことが基本である。そして運搬の目的を明確にし、運搬の実態を把握した上で、「配置」「運搬方法」「運搬経路」「運搬手段」などを効率的なものに改善していくことが必要である。

　そのための手法として、運搬工程分析を行う。運搬工程分析とは、モノの流れていく状況を順次調べ、その取り扱われ方や置かれ方を記録しながら運搬上の問題点を発見し、運搬方法の改善を検討していくための手法である。

　運搬工程分析で使用する記号には、図表5.14に示すように、「基本記号」「台記号」「付帯記号」があり、これらを組み合わせて分析する。基本記号は作業の区分を示し、台記号はモノの置かれている状態を、取り扱いの手間という観点から示したものである。また付帯記号は取り扱い作業と運搬車種を示している。運搬工程分析の実施手順は、以下のように行う。

**図表5.14　運搬分析記号**

〈基本記号〉

| 記号 | 名称 | 説明 | 物の状態 |
|---|---|---|---|
| ◯ | 移動 | 物の位置の変化 | 動く |
| △ | 取扱い | 物の支持方法の変化 | 動く |
| ○ | 加工 | 物の形状の変化と検査 | 動かない |
| ▽ | 停滞 | 物の変化はない | 動かない |

〈付帯記号〉

| 記号 | 区分 | | 意味 |
|---|---|---|---|
| ↑ | 取扱い | 上げる | 取扱いの際に、積むのか、降ろすのかの区分 |
| ↓ | | 降ろす | |
| 🛒 | 車種 | 動力車 | 運搬車が動力を備えているか、否かの区分 |
| ∞ | | 無動力車 | |

〈台記号〉

| 記号 | 説明 | 区分 | 活性指数 |
|---|---|---|---|
| ― | 床、台などにバラに置かれた状態 | ばら置き | 0 |
| ⌣ | 容器、束にまとめられた状態 | まとめ置き | 1 |
| ⊤ | パレット、スキッドに置かれた状態 | 起こし | 2 |
| ∞ | 車に載せられた状態 | 車上 | 3 |
| ▭ | コンベアやシュートで動かされている状態 | 移動 | 4 |

〈記号の応用事例〉

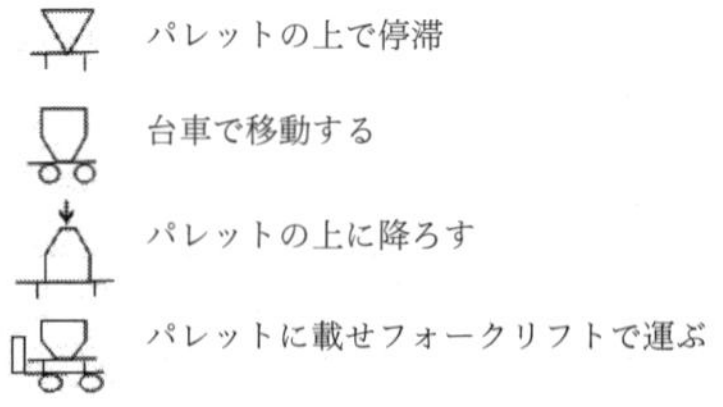

パレットの上で停滞
台車で移動する
パレットの上に降ろす
パレットに載せフォークリフトで運ぶ

第 5 章　生産性向上のための 5S と IE 改善手法　　73

**図表 5.15**　運搬工程分析表

| No. | 運搬記号 | 工程内容 | 距離 m | 時間 分 | 重量 kg | 運搬具 | 改善着想 |
|---|---|---|---|---|---|---|---|
| 1 | ○ ⌒ △ ▽ | 台車上に載せてある | | | 10×3個 | | |
| 2 | ○ ⌒ △ ▽ | 台車で運ぶ | 10 | 2 | | 手押台車 | |
| 3 | ○ ⌒ △ ▽ | コンベア上に載せる | | 1 | | | |
| 4 | ○ ⌒ △ ▽ | コンベア上を移動 | 5 | 3 | | コロコン | |
| 5 | ○ ⌒ △ ▽ | 加工する | | 10 | | | |
| 6 | ○ ⌒ △ ▽ | 加工を終わり台車上に降ろす | | 1 | | | |
| 7 | ○ ⌒ △ ▽ | 台車で移動する | 10 | 2 | | 手押台車 | |

**図表 5.16**　配置式運搬工程分析図

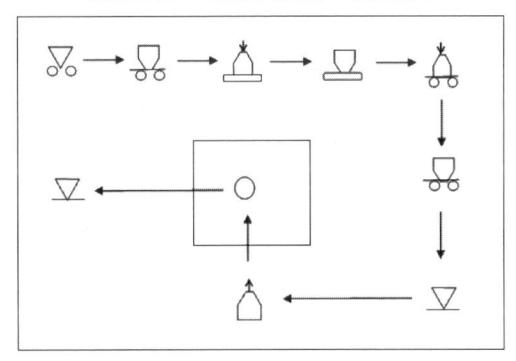

**図表 5.17**　運搬工程総括表

|  | 回数 | 時間（分） | 距離（m） |
|---|---|---|---|
| ▽　移　動 | 3回 | 10分 | 50m |
| △　取扱い | 4回 | 7分 | ― |
| ○　加　工 | 3回 | 5分 | ― |
| ▽　停　滞 | 2回 | 30分 | ― |
| 合　　計 | 12回 | 52分 | 50m |

① 分析する目的，工程の範囲，対象の製品を決める。

② 運搬作業状況の観察と作業者へのヒアリングを行い、運搬分析記号を用いて分析用紙に記入する（図表5.15）。分析結果をよりわかりやすくするために、配置図で流れを記入することもある（図表5.16）。

③ 総括表（図表5.17）を作成し、移動・取扱い・加工・停滞の回数、時間、距離を集計する。

④　運搬分析記号（図表5.14）の台記号に示された活性指数を参照して各工程の活性指数を算出し、合計数字を工程数で割った"平均活性指数"を算出する。

　⑤　改善実施計画に沿って改善を進め、成果の検証を行う。成果の検証は、取扱い回数、平均活性指数、移動距離、運搬作業時間など目的に合った指標を選定して行う。

その結果、運搬工程分析の結果や現物を観察することにより改善のポイントを見つけていくのであるが、以下の点を考慮に入れて取り組むとよい。

　①　レイアウトの見直しや流れ作業化を行うことで、運搬作業そのものをなくすことを検討する。また、1人の作業者が複数の工程を連続して行う"1人多工程持ち作業"を適用すると、人から人の取り扱いのムダが大きく削減できる。

　②　停滞をなくすことで、取り扱いの手間を減らすことを検討する。停滞の前後には取り扱いのムダが潜んでいることが多い。

　③　パレットや台車などを利用して、活性の高い置き方にすることを検討する。すぐ移動できる状態に置かれていれば、そのぶん取り扱いのムダが削減できる。

　④　レイアウトの見直しにより、運搬距離の短縮、動線の逆行や交差を極力減らすことを検討する。モノの流れがスムーズになることにより交差汚染を防ぐことができ、衛生面での効果も得られる。

　⑤　なにも載せない"カラ運搬"がある場合は、極力なくす方向で検討していく。それぞれの台車の用途と必要数を決め、定時運搬方式とすると、カラ運搬の回数を減らすことができる。

　⑥　費用やスペース面も配慮した上で、無人運搬が効率的であるなら、運搬の機械化・自動化を検討する。

　⑦　多品種小ロット生産を行う食品工場が増えているので、小ロット多回運搬を行う場合がある。このとき、運搬の専任者を設けてライン作業者には極力運搬をさせないことが稼働率を維持するポイントである。また、運搬手段は小回りのきく方法を選ぶ。

## 5.9　設備点検管理の進め方

　食品製造業においては、他の製造業に比べ人的資源の比率が大きく、設備管理が製品に及ぼす影響も大きい。例えば品質面において、設備点検管理が疎かになると、食中毒事故や異物混入事故につながる可能性がある。先の東日本大震災においては、震災に遭遇した食品工場も多くあったが、ここで注意しなければならないのは、設備からの異物混入である。たとえ破損していなくても、大きな揺れがあった場合、目に見えない設備内部のカビ

## 第5章 生産性向上のための5SとIE改善手法

や、付着していた異物が落下し食品に混入することがある。

設備点検管理とは、食品製造現場で異物混入を起こさないようにするのはもちろんのこと、設備故障ロスやチョコ停ロス、速度低下ロスが起きないように、設備の日常点検、定期点検を実施することにより設備を維持するとともに、問題点をいち早く発見して対策を立てることである。また、設備故障やチョコ停などが起きたら、設備点検管理に問題がなかったかを確認して、もし問題があったら点検方法を見直し、改善することが大切である。すなわち、食品製造現場では設備の一生涯にわたって、改善や維持管理を通して、設備の持つ機能や性能を最大限に発揮させるために、設備点検管理を行う必要があるのである。

一般に、生産現場における設備の「6大ロス」と呼ばれているものに、①故障ロス、②段取り・調整ロス、③立上りロス、④チョコ停ロス、⑤速度低下ロス、⑥不良・手直しロスがある。したがって、設備点検管理の目的は、設備点検を行うことで上記ロスの撲滅、すなわち設備故障の低減、設備劣化の防止、停止ロスの低減、速度ロスの低減、不良ロスの低減、事故災害の防止を図ることにある。その結果終局的に、設備点検管理により、生産計画の達成、納期の達成、異物混入等の不良の撲滅、原価低減を図ることができるのである。

設備点検管理の運用のしくみとポイントは、以下の通りである。

**図表 5.18** 設備保全基準書

| 設備保全基準書 | | | | | 設備名 | ピロー包装機 | |
|---|---|---|---|---|---|---|---|
| | | | | 名称 | | 機能 | |
| | | | | ① | | | |
| | | | | ② | | | |
| | | | | ③ | | | |
| | | | | ④ | | | |
| | | | | ⑤ | | | |
| | | | | ⑥ | | | |
| | | | | ⑦ | | | |
| 清掃・洗浄 | No | 清掃・洗浄箇所 | 基準 | 方法 | 道具 | 時間 | 周期 | 担当者 |
| | 1 | 搬送ベルト | 汚れなきこと | 水拭き | ウエス | 5分 | 毎日 | 作業者 |
| 点検・調整 | No | 点検・調整箇所 | 基準 | 方法 | 道具 | 時間 | 周期 | 担当者 |
| | 1 | 製袋器幅の変更 | 一覧表による | マニュアル | 幅治具 | 3分 | ロット毎 | 班長 |
| 定期交換 | No | 交換部品 | | | 道具 | 時間 | 周期 | 担当者 |
| | 1 | シール面のテープ | | | 手動 | 10分 | 10日間 | 班長 |

図表 5.19　日常点検チェックリスト

| 点検年月 | 2012年6月度 | | 日常点検チェックリスト 測定値もしくは "✓" or "×" を記入のこと | | | | | | | | | | 設備管理者 竹中 | | | 作業主任者 山崎 | |
|---|---|---|---|---|---|---|---|---|---|---|---|---|---|---|---|---|---|
| 設備・場所名 | ピロー包装機 | | | | | | | | | | | | | | | | |
| NO | 点検項目 | 頻度 | 点検基準 | 点検者 | 1 | 2 | 3 | 4 | 5 | 6 | 7 | 8 | 9 | 10 | 11 | 12 | 13 | 14 | 15 |
| 1 | ピロー機のボルト・ナットの緩み | 始業前 | 十分な締付け | 山崎 | ✓ | ✓ | ✓ | × | | | | | | | | | | | |
| 2 | フィルムテンションの作動状況 | 始業前 | 確実な作動 規定内テンション | 山崎 | ✓ | ✓ | ✓ | ✓ | | | | | | | | | | | |
| 3 | 製袋器の作動状況・停止位置 | 始業前 | 確実な作動 規定内停止 | 山崎 | ✓ | ✓ | ✓ | ✓ | | | | | | | | | | | |
| 4 | 急停止機構及び非常停止装置の作動 | 始業前 | 確実な停止 | 山崎 | ✓ | ✓ | ✓ | ✓ | | | | | | | | | | | |
| 5 | | | | | | | | | | | | | | | | | | | |
| 管理者サイン欄 (異常処置記入欄) | 確認後サインのこと | | | | 竹中 | 竹竹中 | 竹竹中 | 竹中 | | | | | | | | | | | |
| 異常処置完了時には×から上に○を用い処置内容を右の欄に記述のこと | 6月4日にピロー機のボルトのゆるみが発見された。締め直しを実施。同時に緩まない構造も検討中。 | | | | | | | | | | | | | | | | | | |

図表 5.20　チョコ停記録表

| 6月度 | | | | | | | | | | | | 設備名:ピロー包装機　担当:鈴木太郎　1回あたり3分 | | | | | | |
|---|---|---|---|---|---|---|---|---|---|---|---|---|---|---|---|---|---|---|
| 日付 部位 | 1 | 2 | 3 | 4 | 5 | 6 | 7 | 8 | 9 | 10 | 11 | 12 | 13 | 14 | 15 | 回数 | 時間 | 原因・対策 |
| 印字部位 | 5 | 3 | | | | | | | | | | | | | | | | |
| 製袋器部位 | 10 | 5 | | | | | | | | | | | | | | | | |
| 送り部位 | 3 | 7 | | | | | | | | | | | | | | | | |
| ……… | … | … | | | | | | | | | | | | | | | | |
| 合計 | 20 | 17 | | | | | | | | | | | | | | | | |

① 設備保全基準書（図表 5.18）を作成する。清掃・洗浄／点検・調整／定期交換の区分ごとに対象箇所／基準／方法／道具／時間／周期／担当者を明記する。その際、設備の写真や概略図を描いて、対象箇所を図示するとよい。設備点検基準は、製造現場と保全部門が相談して作成する。そして、それを対象設備の見やすい位置に掲示する。この基準書には有効期限を設けて、定期的に見直し、改定するとよい。

② 設備点検基準から点検ポイントを抜き出し、それを日常点検と定期点検とに分けてチェックリストを作成する。日常点検チェックリスト（図表 5.19）は製造現場で、定期点検チェックリストは製造現場または保全部門で実施していく。定期点検は、年間カレンダーを作成して予め実施日を決めておくとよい。設備点検で発見した不具合は、点検チェックリストの異常処置記入欄で、その原因、応急処置、再発防止対策を記入し実施するとよい。

## 5.10 設備チョコ停・故障管理の進め方

設備チョコ停・故障管理とは、食品製造現場で設備故障ロスやチョコ停ロス、速度低下ロスが起きないように、設備チョコ停時間推移や設備故障停止時間推移を製造現場で把握して、設備上の問題点をいち早く発見して対策を立てるものである。

3～5分以内の設備停止をチョコ停というが、明確に停止時間を把握できないので、発生回数で管理する。一方、設備故障は、故障停止時間で管理する。設備故障やチョコ停などが起きたら、再発防止対策を講じて、日々設備改善していく。

チョコ停は、一時的にすぐ直せるのでその場限りになりがちであるが、設備稼働率の低下を招き、品質にも影響するので重要な管理項目である。また、設備故障が起きると、生産計画の未達成、納期の遅延および製品不良が発生する可能性がある。これらを徹底的に管理して発生させないようにしなければならない。設備チョコ停・故障管理を行うことで、設備故障の低減、設備劣化の防止、チョコ停の低減、不良ロスの低減、事故災害の防止を図ることができる。以下に、より品質に影響を及ぼす設備チョコ停管理の運用のしくみとポイントについて記述する。

① 設備のチョコ停については、チョコ停記録表（図表 5.20）で、設備ごと、部位ごとに記録を取っていく。停止時間の把握は、平均値（2～3分）に発生回数を掛けて算出する。チョコ停記録表をグラフ化したものが設備チョコ停時間推移グラフ（図表 5.21）で、これを現場に掲示することにより、現場作業員の意識を高める効果がある。チョコ停の要因別の推移グラフも、改善実施に対して効果的である。

② 設備ごとに稼働状況を把握するため、設備稼働日報に基づいて設備時間稼働率表

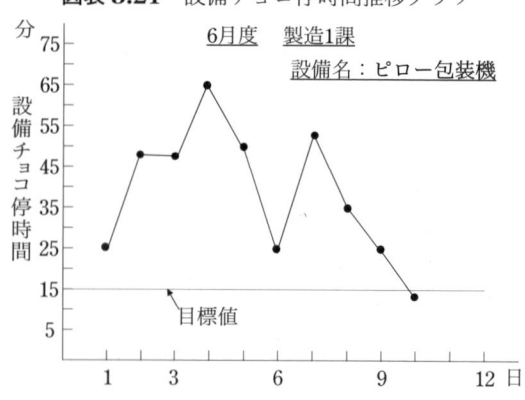

**図表 5.21　設備チョコ停時間推移グラフ**

6月度　製造1課
設備名：ピロー包装機

（縦軸：設備チョコ停時間（分）、横軸：日、目標値の補助線あり）

**図表 5.22　設備時間稼働率表**

| 設備時間稼働率表 | | | | 設備名 | | ピロー包装機 | |
|---|---|---|---|---|---|---|---|
| 月 | 6月 | 部門 | 製造1課 | 作業者 | | 鈴木 太郎 | |
| 日付 | 就業時間 A | 休止時間 B | 負荷時間 C=A-B | 停止ロス時間 D | 稼働時間 E=C-D | 時間稼働率 T=E/C (%) | 主な停止要因 |
| 6/3 | 8H | 0.5H | 7.5H | 1H | 6.5H | 87% | 設備故障 |
| 6/5 | 8H | 1.0H | 7.0H | 0.5H | 6.5H | 93% | 設備チョコ停 |
|  |  |  |  |  |  |  |  |
|  |  |  |  |  |  |  |  |

**図表 5.23　設備チョコ停問題点対策管理表**

| 設備チョコ停問題点対策管理表 | | | | | | | | | 製造部 | | | |
|---|---|---|---|---|---|---|---|---|---|---|---|---|
| No | 記入日 | 部署 | 設備名 | チョコ停内容 | チョコ停時間 | 原因 | 再発防止対策 | 実施期限 | 実施日 | 担当者 | 効果の確認 |
| 1 | 6.10 | 製造1係 | 高速充填機 | 原材料が落下口にて詰まる | 平均20分／日 | 原材料の吸湿 | ①原材料の保管場所に湿度対策を実施<br>②原材料の先入れ先出し管理 | 6月末 | 6/28 | 鈴木 | 8月10日 |
| 2 | 6.15 | 製造1係 | ピロー包装機 | シール部分の汚れの拭き取り | 平均15分／日 |  |  |  |  |  |  |
| 3 | 6.20 | 製造2係 |  |  |  |  |  |  |  |  |  |
| 4 |  |  |  |  |  |  |  |  |  |  |  |

（図表5.22）を作成する。これにより設備の稼働上の問題点が明らかになり、対策を取って稼働率の向上に役立てることができる。設備停止は、計画休止、段取停止、故障停止などに細分され、稼働時間を負荷時間で割った「時間稼働率」で評価するとよい。

③　設備チョコ停への対応は、設備チョコ停問題点対策管理表（図表5.23）により設備稼働率の改善を図り、実施していく。具体的には、原因、応急処置、再発防止対策を記入し、実施する。対策は、その時々の一時的な対策だけではなく、日常点検、定期保守などを実施して、恒久的に設備の稼働を管理していくことが大切である。

**図表 5.24** 予備部品一覧表（例：ピロー包装機）

| 品　名 | 基準在庫量 | 納入日数 | 自社で交換可能 | マニュアル有無 | 故障頻度 |
|---|---|---|---|---|---|
| レジマークセンサー | 4 | 3日 | 可 | × | 無 |
| 高さ感知センサー | 1 | 7日 | 可 | × | 無 |
| エンドシーラー | 1 | 20日 | 可 | ○ | 少 |
| カッター歯（ナイフ） | 1 | 3日 | 可 | ○ | 少 |
| 光電センサー | 1 | 7日 | 可 | ○ | 無 |
| 透過形用スリット | 1 | 7日 | 可 | ○ | 無 |
| 熱電体 | 1 | 3日 | 可 | ○ | 無 |
| 鋳込みヒーター | 1 | 3日 | 可 | × | 無 |
| ヒーターブロック | 1 | 20日 | 可 | × | 無 |
| 繰出ローラー | 1 | 即納 | 不 | — | 無 |
| エンコーダー | 1 | 即納 | 不 | — | 無 |
| SERVO　MOTOR | 0 | 即納 | 不 | — | 無 |

④　食品企業においては、設備が故障して復旧時間がかかると、納期遅れという致命的なリスクとなってしまうことがある。この対策として、故障を想定した予備部品をリストアップして、自社で部品を在庫で用意しておき、故障の際には自社のメンテナンス要員が早急に交換できる体制を敷いておくことが重要である。この予備部品のリストアップは、例えば１台しかない重要設備などでは予備部品一覧表（図表5.24）を作成しておくとよい。

# 第 6 章　マネジメントとしての FSSC 22000
## （ISO 22000 ＋ PAS 220）

　食品企業で FSSC 22000 をマネジメントとして有効活用するには、どのようにしていけばよいのであろうか？　FSSC 22000 は、従来の HACCP システムにマネジメントシステムの部分を取り入れた ISO 22000 と、一般的衛生管理を強化した PAS 220（ISO 22002）を合わせた規格である。この章では、食品工場として FSSC 22000 を効果的に活用していくための、5S や VM（目で見る管理）の必要性を記述する。また、清掃・洗浄の重要性や異物除去についても紹介する。

## 6.1　食品安全マネジメントシステム規格に期待すること

　ISO 22000 が 2005 年 9 月に発行されて、はや数年が経過した。認定機関である JAB（Japan Accreditation Board：日本適合性認定協会）の認定申請も実施されており、多くの食品企業が ISO 22000 の認証取得を目指している。マネジメント規格の ISO は、品質／環境／労働安全／情報セキュリティなど各種あるが、食品安全規格の HACCP にマネジメント部分を追加した世界標準化規格が ISO 22000 である。

　ISO 22000 ができた経緯として、食品小売業界の食品安全に対する取り組みがある。アメリカのウォルマート等、世界の食品小売業の 60％ を占める大手 48 メンバーで構成される GFSI（Global Food Safety Initiative）が、食品安全部会で取り上げたのがきっかけと言われている。食品安全規格の HACCP は、世界各国において少しずつ違う規格となっているのと、マネジメントシステムの部分がないことから、ISO 22000 ができたのである。

　マネジメントシステムとは、一言で言うと PDCA を回すことである。ISO 9001 の序文には、PDCA について以下のような説明がある。

　　Plan：顧客要求事項及び組織の方針に沿った結果を出すために、必要な目標及びプロセスを設定する。
　　Do：それらのプロセスを実行する。
　　Check：方針、目標、製品要求事項に照らしてプロセス及び製品を監視し、測定し、その結果を報告する。
　　Act：プロセスの成果を含む実施状況を継続的に改善するための処置をとる。

つまり、ISO 22000において、食品安全にかかわる不具合やインシデントを、PDCAを回しながら継続的な改善をしていくということなのである。ISO 22000は章建てになっており、それらにPDCAをあてはめてみると、4章の"食品安全マネジメントシステム"と5章の"経営者の責任"はPlanであり、6章の"資源の運用管理"がPlanとDoとなる。また7章の"安全な製品の計画及び実現"はPlanとDoであり、8章の"食品安全マネジメントシステムの妥当性確認、検証及び改善"はCheckとActになる（図表6.1）。

このように、食品流通からの食品安全の要望の中で、食品製造業や関連企業への食品安全規格導入の圧力が確実に強くなってきている。その中でISO 22000では、一般的衛生管理の要求事項が不十分であり、これを補完するために、PAS 220という規格が食品安全認証財団FFSC（Foundation for Food Safety Certification）により2008年10月に開発された。そして2009年12月にISO 22002として発行され、2010年2月にはGFSIにより、ISO 22000に加えることにより食品安全の認証スキームの1つとして承認されたのである（図表6.2）。したがって、FSSC 22000は、食品関連企業のためのISO 22000：2005（食品安

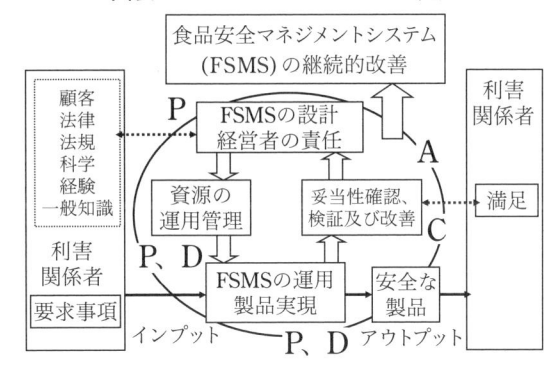

**図表6.1** ISO 22000のPDCA概要

**図表6.2** 食品安全MS国際規格の発行経緯

**ISO 22000&FSSC 22000関連規格の発行経緯**

2001年 6月26日 ISO 22000業務計画が登録されスタート
2003年 3月 CD（委員会原案）発行
2004年 6月 DIS（国際規格案）発行
2004年 11月 DISに投票可決
2005年 5月 FDIS（最終国際規格案）発行
2005年 9月1日 ISO 22000（国際規格）発行
2007年 5月 ISO 22000 JAB認証開始
2008年 10月 PAS 220（BSI規格）発行
2009年 12月 ISO 22002-1発行
2011年 7月 FSSC 22000 JAB認証開始

**図表 6.3　食品安全規格 PAS 220 の概要**

```
4   建物の構造と配置
5   施設及び作業区域の配置
6   ユーティリティ（空気、水、エネルギー）
7   廃棄物処理
8   装置の適切性、清掃・洗浄及び保守
9   購入材料の管理（マネジメント）
10  交差汚染の予防手段
11  清掃・洗浄及び殺菌・消毒
12  有害生物の防除（ペストコントロール）
13  要員の衛生及び従業員のための施設
14  手直し
15  製品リコール手順
16  倉庫保管
17  製品情報及消費者の認識
18  食品防御、バイオビジランス及びバイオテロリズム
```

全マネジメントシステム）および ISO 22000 の前提条件プログラムの部分を詳細化した規格 PAS 220：2008 を包含しているのである。

　ISO 22000 の構造は、ISO 9001 にかかわるマネジメントシステム（PDCA サイクルなど）、および食品の安全衛生にかかわる HACCP から構成されていることは前述した。また、PAS 220 は、食品企業が安全安心を形作るうえで必要不可欠な一般的衛生管理の詳細項目が、要求事項として記述されている（図表 6.3）。

　昨今、HACCP 取得企業においても多くの食品事故が起こり、消費者の食品業界への不信感は増大している。食品関連企業にとっては、ISO 22002（ISO 22000 と PAS 220）のマネジメントシステムを導入することにより、食品安全管理を実現して、消費者の信頼回復につなげるようにしていくべきである。

　ISO 22000 または FSSC 22000 に取り組む食品企業が増えてきているが、導入の方法を間違えると非効率なものになってしまう。例えば、顧客の要望や営業上の理由などで、ISO の認証取得を第一の目標にしている企業を多く見かけることがある。また、会社の実態に合わない ISO システムを導入してしまったり、運用面でも食品安全チームと一部の関係者に任せてしまって現場の作業者に全く情報が伝わっていない食品企業を時々見かけることがある。そのため、ISO を導入したにもかかわらず、事故やクレームがなかなか減少しないのである。

　このような問題点を解決して、FSSC 22000 を食品工場の有効なマネジメントシステムとして活用していくには、ISO システムを 5S／VM（目で見る管理）の視点から構築、導入していくことである。食品工場における 5S／VM の本質は、不良やクレームがわかる、その再発防止対策がわかる、異物混入の予防手段がわかる、トレーサビリティがわかる…など、現場従業員にも全て PDCA が見えるようにして改善を図っていく手法とすることである。また、CCP や OPRP の現場での視点から 5S／VM を進めることも、食品安全に

図表 6.4　HACCP システムの基盤（5S／VM）

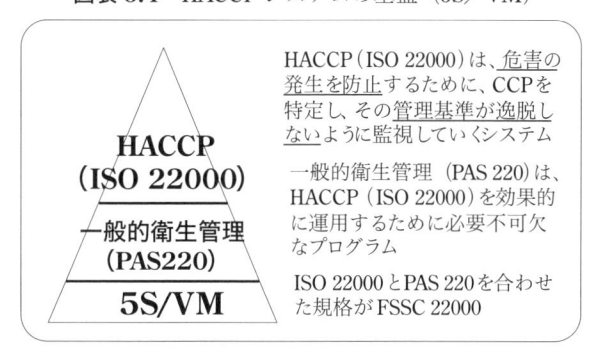

HACCP（ISO 22000）は、<u>危害の発生を防止</u>するために、CCP を特定し、その<u>管理基準が逸脱しないように監視</u>していくシステム

一般的衛生管理（PAS 220）は、HACCP（ISO 22000）を効果的に運用するために必要不可欠なプログラム

ISO 22000 と PAS 220 を合わせた規格が FSSC 22000

とって肝要である（図表 6.4）。

## 6.2　ISO 22000（食品安全マネジメントシステム）と 5S／VM の関連

食品安全 ISO と 5S／VM は、全く関係ないと思っている ISO 事務局や関係者が多くいるが、それは間違った認識で、ISO の効果的な運用には 5S／VM が欠かせない。ここでは、ISO 22000（食品安全マネジメントシステム）と 5S／VM の関連を条項ごとに説明する。

ISO 22000 の「6.3 項：インフラストラクチャー」には、「組織は、この規格の要求事項を実施する上で必要とされるインフラストラクチャーの確立及び維持のための資源を提供すること」とある。食品工場におけるインフラストラクチャーとは、食品を製造するための機械はもとより、冷凍庫・冷蔵庫やボイラー、コンプレッサーなどの付属機器も相当する。そして、これらのインフラストラクチャーを維持するためには 5S／VM が欠かせないのである。

続く「6.4 項：作業環境」では、「組織は、この規格の要求事項を実施するために必要な作業環境の確立、管理及び維持のための資源を提供すること」とある。一般的に、5S は作業環境そのものであり、組織によっては 5S の手順をマネジメントシステムの中に取り入れて運用管理しているところもある。

また、「7.2 項：前提条件プログラム」では、「組織は、食品安全ハザードを管理するために PRP を確立し、実施し、維持すること」とある。項目としては、以下のようなことが挙げられている。

a)　建物及び関連設備の構造並びに配置
b)　作業空間及び従業員施設を含む構内の配置
c)　空気、水、エネルギー及びその他のユーティリティの供給源
d)　廃棄物及び排水処理を含めた支援業務

e) 設備の適切性並びに、清掃、洗浄、保守及び予防保全のためのしやすさ
f) 購入した資材、供給品、廃棄及び製品の取扱いの管理
g) 交差汚染の予防手段
h) 清掃・洗浄及び殺菌・消毒
i) そ族及び昆虫の防除
j) 要員の衛生

これらの管理された状態には、5S／VMが必要不可欠である。

「7.9項：トレーサビリティシステム」では、「組織は、製品ロット及びその原料のバッチ、加工及び出荷記録との関係を特定できるトレーサビリティシステムを確立し、適用すること」とある。トレーサビリティを確実に実施するには、原材料などの識別が必要である。

また、「7.10項：不適合の管理」では、「組織は、CCPの許容限界を逸脱した場合又はオペレーションPRPの管理が損なわれた場合、影響を受けた最終製品が特定され、その使用及び出荷が管理されることを確実にすること」とあり、影響を受けた最終製品の識別および判定が要求されている。これらの管理された状態を維持するには、5S／VMが必要不可欠である。

また、「8.3項：モニタリング及び測定の管理」では、「校正の状態を明確にするために識別を行う」とあり、また「保守及び保管において損傷及び劣化しないように保護する」とある。識別については前述した通りであり、また損傷および劣化の防止手段として5Sの整頓や清掃が有効に機能する。また、VMによる校正予定カレンダーなどで校正時期を明確にすることは必要な管理である。

## 6.3 5S／VMによる効果的な設備・治工具管理

ここでは、5S／VMによる設備・治工具管理の効果的な運用事例を、ISOの要求事項ごとに紹介する。ISO 22000に、「6.3項：インフラストラクチャー」があることは前述したが、食品機械の設備管理としても重要な要求事項であり、食品の安全・品質を維持するためには、設備管理を積極的に導入していくことが効果的である。

ISOを導入した企業では、設備管理に関する要求事項に適合させるため、日常点検や定期点検を実施しているが、フォローアップが十分なされておらず、真の品質向上や生産性向上に役立つものになっていない場合が多い。製造現場の現状における設備管理の具体的な問題点として、以下の点を挙げることができる。

① 日常点検項目は決められているが、作業者が惰性で実施しており、設備異常を早期に発見できない。

② 定期点検日程は決められているが、忙しいとついつい実施しないまま過ごしている。
③ 設備の異常が担当者任せになっており、組織的な再発防止対策がとられていない。
④ 設備上の緊急事態について、対応手順は決められているが、現場で適切に対応できない。
⑤ 設備上の問題で、または決められた手順で実施しているが、エネルギーロスや油漏れなどが起きている。
⑥ 設備点検項目の妥当性がはっきりしない。
⑦ 設備稼働率は毎日算出されているが、現場の作業者が把握しておらず、現場での改善活動が実施されていない。

以上の問題点により、設備故障やチョコ停などが発生しており、非効率な状況が発生している。5S／VMによる設備管理の目的は、関係者だけのファイルの中で実施されている設備管理をVMボード上で当該管理項目として掲示することにより、現場作業者も含めた全員で、5Sをはじめとした管理や改善ができるしくみを作っていくことである。したがって、以下のような5S／VMによる設備管理を実施すると、QCD（Quality・Cost・Delivery：品質・価格・納期）の向上や、作業環境における問題発生の防止を図ることができる。

① 日常点検項目と実施状況の見える化
② 設備異常とその対応手順の見える化
③ 定期点検日程と実施状況の見える化
④ 設備異常の再発防止対策の見える化
⑤ 設備稼働率向上などの改善活動の見える化

これらの設備管理の"見える化"を行うことで、設備故障の低減、設備劣化の防止、停止ロスの低減、速度ロスの低減、不良ロスの低減、事故災害の防止を図るのである。すなわち、先に第5章5.9項でも述べたが、生産現場における設備の一生涯にわたって、改善や維持管理を通して、設備の持つ機能や性能を最大限に発揮させるのである。終局的には、5S／VMによる設備管理により、生産計画の達成、納期の達成、不良の撲滅、環境対策、原価低減を図ることができる。設備管理の運用のしくみとポイントは第5章で述べた。ここでは現場での設備管理について述べる。

まず、設備点検を現場作業者が確実に実施するために、点検の対象箇所に設備点検ラベルを貼り、清掃／給油／点検／定期交換などの区分、点検周期などを表示する（図表6.5）。これにより、清掃し忘れや給油し忘れによる品質異常や設備故障を防止することができる。また、食品製造の設備には配管がつきものであるが、この配管の開閉状況を"見える化"

図表 6.5　設備点検ラベル

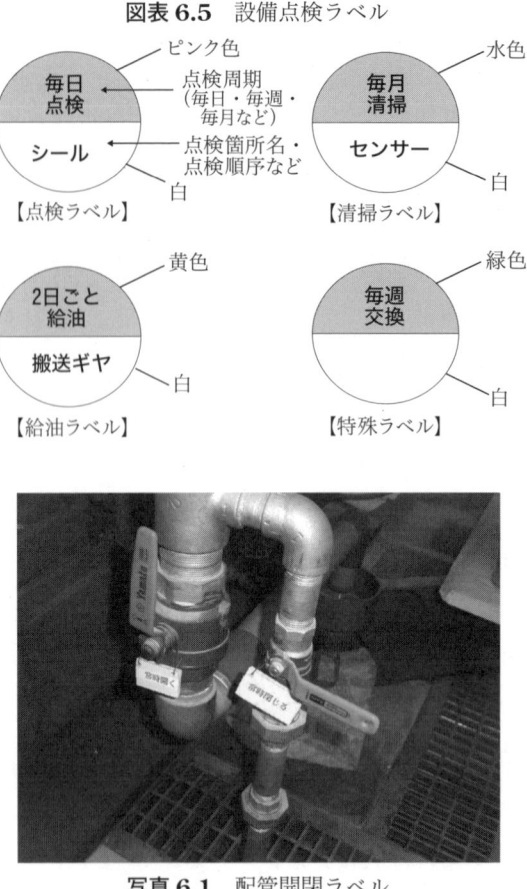

- 【点検ラベル】：毎日点検（ピンク色）／シール（白）／点検周期（毎日・毎週・毎月など）／点検箇所名・点検順序など
- 【清掃ラベル】：毎月清掃（水色）／センサー（白）
- 【給油ラベル】：2日ごと給油（黄色）／搬送ギヤ（白）
- 【特殊ラベル】：毎週交換（緑色）／（白）

写真 6.1　配管開閉ラベル

してわかりやすくするとよい（写真 6.1）。これにより、配管開閉の間違いによる生産異常を防止することができる。

　食品生産工場の清掃用具や治工具の 5S は、設備管理と同様に ISO の運用に際して効果がある。また、消耗工具費が抑えられることにより、食品製造経費削減に寄与する。清掃用具や治工具の 5S について、特に整頓が進んでいない工場では、以下の問題が見受けられる。

① 食品機械の整備に使用する治工具の整頓がなされていないため、実際に使いたいときに治工具を探すのに時間がかかる、または探し出せない。

② 交換部品や消耗品の共有化が進んでいないので、食品機械ごとに在庫を抱えており、各々の部署で無駄な発注を繰り返している。

③ 清掃しようとした時に、清掃用具が決められた場所に戻されておらず、探す手間や時間がかかる。

　これらの対策としては、清掃用具および治工具の整頓を実施することで、モノの在りかや在庫が一目瞭然にわかるようにすることである（写真 6.2）。具体的な清掃用具および治

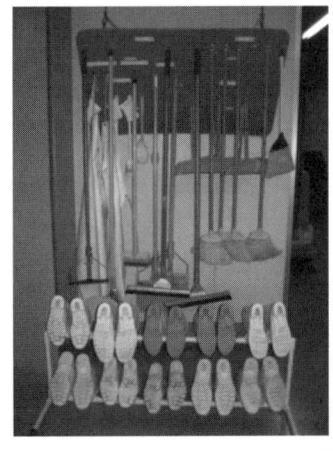

第6章　マネジメントとしてのFSSC 22000

**写真 6.2**　清掃用具および治工具の整頓

工具の整頓の進め方としては、以下の管理をするとよい。
① 使用頻度が高く専用度が高いものは、原則として機械や使用場所での保管とする。また、専用度が低いものは共通工具として1箇所に集める。置き方としては、工具板に工具を掛けるか、発泡ポリエチレンシートを姿彫りして、定置表示する。
② 設備用の治具は、使用したら確実に戻せるように定置化して名称を表示する。
③ 清掃用具は、使用したら確実に戻せるように名称を表示する。

## 6.4　5S／VMによる効果的な不適合処置管理

ISO 22000では、不適合処置管理として「7.10項：不適合の管理」がある。CCPの許容限界を逸脱した場合、またはオペレーションPRPの管理が損なわれた場合の影響を受けた最終製品を識別し管理する、また不適合を除去するための処置をとることが要求されている。不適合製品（不良品）とは、材質や加工上、取り扱い上の不具合により、規定の基準を満足できず、そのままでは使えないものも含む。

不良品が出た時には、適切に処理を実施する不適合処置管理が重要である。不適合処置が徹底していないため、現状の食品製造現場において発生した不良品を機械のそばや作業域の周りに放置してある場合、以下のような問題が発生している。
① 良品と不良品が混在する
② 不良発生の問題点が浮き彫りにならないので、問題解決や改善につながらない
③ 不良によりコストアップにつながる

また、製造現場において発生した不良を低減させる活動が十分なされていないので、下記のような問題が現場で起きている。

① 手直し、作り直しの工数がかかる
② 納期遅れ、後工程待ちが起きる
③ 余計に原材料、包装材料がかかる
④ 不良発生を是認して製品などの在庫を余分に持つ
⑤ 不良コストにより、原価がアップする

これらのことを防ぐためには、VMボード上で当該管理記録を掲示することにより、現場作業者も含めた全員で管理できるしくみを作っていくことであり、以下のような不適合処置・低減管理を実施すると、QCDの向上や問題発生を防止することができる。

① 不良品の数量の見える化
② 不良内容、不良原因の見える化
③ 不良品放置期間の見える化
④ 不良再発防止対策、不良対策効果の見える化

このように、不適合処置・低減管理を"見える化"することにより、発生した不良または不適合内容を把握し不良解析、不良改善を行うことで、不良低減を実現することができる。また、不適合処置管理の運用は、以下の通りに行う。

① CCPの許容限界を逸脱した場合やオペレーションPRPの管理が損なわれた場合、または不良品を発見したら、作業者は直ちに機械を止め管理者を呼び、不良内容と原因を究明し、不良現品票に記入して現品を不良品置場に置くなど、明確に識別できるようにする。

② 不良が発生したら、管理者は当面の処置と根本対策を記入し、直ちに当面の処置（不良原因の除去、再生／再生不能／保留の判断）を行う。原材料不良などで取引業者に返品するものは、業者と取り決めを行い、返品処理が滞りなく行えるようにしておく。また、不良品処理ルールをVMボードに掲示して、不良品を発見した時の処置と手続きを明確にして、迅速に作業できるようにしておくことも大切なことである。

③ 不良が発生したら品質不良対策板（図表6.6）に記入し、それを基に対策会議をその日のうちか、遅くとも翌朝に開く。まず応急処置内容を決定し、即座に実施する。

不適合処置管理はVM手法を活用して、処置の確実性・迅速性を向上させることが肝要である。VMによる不適合低減管理の運用のしくみとポイントは、まず職場別の不良件数を把握し改善目標を立てるために、不良件数推移表およびグラフ（図表6.7）を作成し、重点的に不良対策をとるべき職場を把握する。次に、不良改善の管理単位（職場、ライン、工程、製品またはグループ）ごとに、不良内容の多いものからパレート図に表す。さらに、

図表 6.6 品質不良対策板

## 品質不良対策板　　　　製造部

| No | ランク | 発生年月日 | 部署 | 製品名 | 不良内容 | 応急処置内容実施日 | 原因 | 再発防止対策 | 実施期限 | 実施日 | 担当者 | 効果の確認 | 損失コスト |
|---|---|---|---|---|---|---|---|---|---|---|---|---|---|
| 1 | 重 | H24.4.10 | 混合 | AAA | 12種類のうち1種類入れ忘れ | 廃棄・再生産(4月20日) | 混合チェックシートをまとめて記入していた | ①混合作業標準書の作成②作業者教育の実施 | 4月末 | 4/28 | 山崎 | 6月10日 | 30万円 |
| 2 | 軽 | H24.4.15 | 充填 | BBB | シール不良5%と多発 | 再選別(4月20日) | シールバーの汚れ | 定期的なシールバーの清掃 | 4月末 | 4/30 | 山崎 | 6月20日 | 3万円 |
| 3 | 軽 | H24.4.20 | 充填 | CCC | | | | | | | | | |

今期目標　重不適合：3件以下　　　4月末現在　重不適合：1件
　　　　　軽不適合：9件以下　　　　　　　　軽不適合：1件

図表 6.7 職場別不良件数推移グラフ

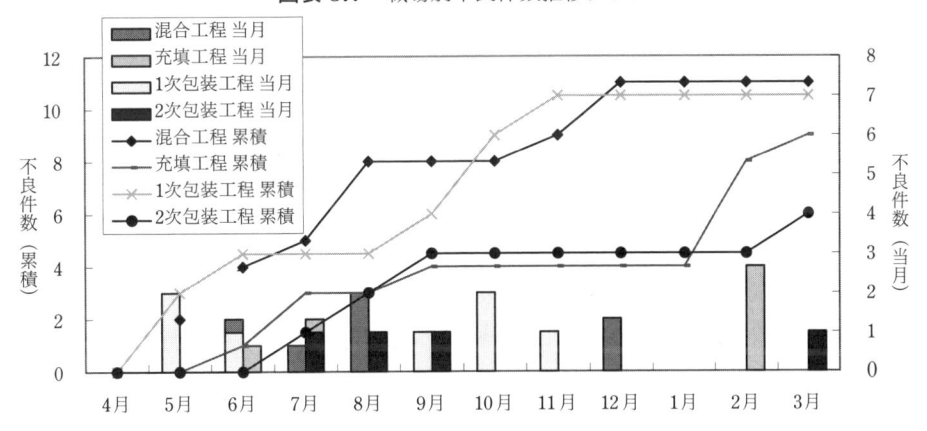

図表 6.8 品質改善計画表

| | 不良の主な原因 | 処置対策案 | 実施結果 | 効果の確認 |
|---|---|---|---|---|
| 混合工程 | 作業員の教育訓練不足 | | | |
| 充填工程 | 充填機の設備管理不良 | | | |
| 1次包装工程 | ・・・・・ | | | |
| 2次包装工程 | ・・・・・ | | | |

＊不良件数目標値：各職場年間5件以下

不良件数の目標値を設定し、職場別の不良数、不良内容を把握して品質改善計画表（図表6.8）を作成・掲示し、改善度合いが目に見える形にすることがポイントとなる。

## 6.5　清掃・洗浄管理の重要性

食品工場にとって、清掃と洗浄は最も大切な項目である。清掃・洗浄が不足していると、

菌の汚染により微生物的な危害が発生する可能性がある。またアレルゲン物質のコンタミネーションによる化学的危害が発生する可能性もある。

PAS 220 (ISO 22002) において、11章に「清掃・洗浄及び殺菌・消毒」の要求事項がある。すなわち、清掃・洗浄および殺菌・消毒プログラムは、「食品加工装置及び環境が衛生的な状態に維持されることを確実にすること」および「プログラムは継続的に適合性及び有効性を監視すること」と規定されている。

また、食品工場現場における清掃・洗浄の真の狙いは、従業員の自主性の向上、全員で活動に取り組むことによるチームワークと職場への愛着心の向上、清掃・洗浄を効率的に実施していくための創意工夫や改善を進めていく土壌の形成にある。つまり、食品工場における清掃・洗浄の進め方は、単に製造現場を綺麗にすることにとどまらず、清掃・洗浄ルールを決めることにより各人が自分の役割を認識し、ルール通りに活動を進めていくことが肝要となる。以下に、清掃・洗浄の手順を示す。これらが手順通りに行われることが成功のポイントとなる（図表6.9）。

1) 清掃・洗浄用具の準備

① 清掃・洗浄用具の棚卸し

現在自職場内にある清掃・洗浄用具を、使えるもの・使えないものに分けてリストアップする。（使えないものは廃棄するか修理するか決める）

② 必要清掃・洗浄用具の決定

清掃・洗浄の対象になる場所や清掃人数から、どのような清掃・洗浄用具がどれだけ必要かを決め、不足分は手配する。（事務局で必要数を集計してまとめて手配する）

③ 清掃・洗浄用具の収納法の決定

それぞれの清掃・洗浄用具に適した収納方法(ロッカー、ハンガー、清掃用具板)

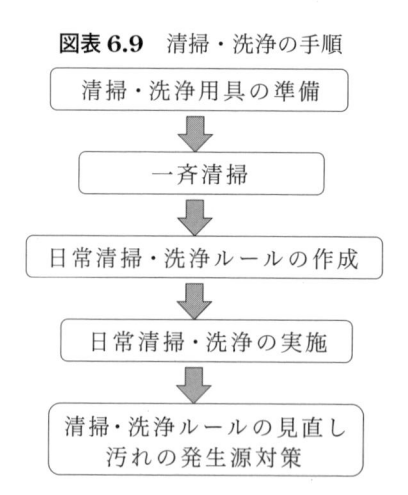

**図表6.9 清掃・洗浄の手順**

```
清掃・洗浄用具の準備
    ↓
  一斉清掃
    ↓
日常清掃・洗浄ルールの作成
    ↓
日常清掃・洗浄の実施
    ↓
清掃・洗浄ルールの見直し
汚れの発生源対策
```

を決め、表示する。
2) 一斉清掃

　日時を決めて食品工場全体で、一斉に天窓、壁、梁、電灯、機械の下や裏など、普段手の届かないところまで徹底的にきれいにする。一斉清掃計画表を作成し、清掃の対象場所や、担当、清掃時間を決め計画的に実施する。

3) 清掃・洗浄ルールの作成

① 毎日の短時間の一斉清掃・洗浄。始業前や終業前後に職場ごとに実施する。3〜10分程度。

② 毎週（特に週末）行う一斉清掃。15〜30分程度。

③ 毎月行う一斉清掃。30〜60分程度。

④ 年に数回行う一斉清掃。2〜4時間程度。

4) 清掃・洗浄分担表の活用

　上記の清掃・洗浄ルールが決まったら、確実に実施するために、「どこを」「だれが」「いつ」「何分で」「どのように」「何を使って」の項目を決めて、清掃・洗浄分担表を作成する（前章、図表5.4）。清掃・洗浄分担表は、全員の役割分担についてよく説明し、理解と合意を得て掲示する。5Sリーダーや委員は、ルール通り清掃・洗浄が実施されているかチェックし、必要があれば見直す。

5) 汚れの発生源対策

　汚れたところを清掃・洗浄するという考えから、なぜ汚れるのか、まずは汚れないようにしようという発想を持つことが大切である。日常の清掃・洗浄の中から汚れの発生源を見つけ、汚れの発生の元を断つ改善を進めていく。例えば、食添油（食品機械用潤滑剤）などの汚れの目立つところは、給油方法の見直しや油もれの箇所の点検を実施するとよい。また食品加工場では、原材料カット時などの飛散防止に、カバーを設置するとよい。

## 6.6 清掃・洗浄の有効活用事例

　静岡県の駿河湾が目の前に大変美しく見える場所に、桜えびの加工企業であるヤマト食品（株）がある。駿河湾は約1,000種もの魚類が生息しているといわれる日本有数の湾であり、日本国内ではここでしか獲れない希少な桜えびが生息している。同社は桜えび漁が始まった明治30（1897）年より、加工・販売を軸に事業展開をしてきた（写真6.3）。

　ヤマト食品（株）は「伝統の味」と「安心・安全」の両立を合言葉に、最新機器の導入と人材育成に力を入れ、2010年当初より本格的な5S活動に取り組んできた。桜えび、桜

写真 6.3　ヤマト食品(株)と桜えび

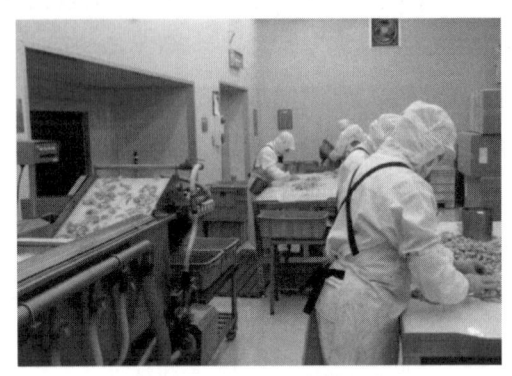

写真 6.4　えびの選別作業

写真 6.5　えび工場の清掃・洗浄点検表

でんぶ、しらす等を製造する職場などで 5S チームを 11 カ所に分割し、それぞれリーダーを任命し、全社一丸となって活動している。そして 5S 活動をベースに、2011 年初頭、望月社長が ISO 22000 のキックオフを宣言し、「桜えび加工」の確実な安心・安全体制を目指して業界で初の認証取得を実現した。

同社は、桜えびやえびを急速冷凍する「えび工場」を擁している。この作業場では、えびを選別して洗浄し、計量・包装してから急速冷凍して出荷する作業を実施している（写真 6.4）。ここは HACCP 管理において衛生区域に該当するため、清掃や洗浄を確実に実施する必要がある。そのため、5S 活動の一貫として、清掃・洗浄についても各ラインで点

検表を作成しチェックすることで、作業者の衛生意識を向上させている。

写真6.5は、えび工場の「清掃・洗浄点検表」であるが、これには毎回実施する項目と、週に1回および月に1回実施する項目とがあり、清掃・洗浄を忘れることがないような仕組みになっている。2011年初めに実施された全社の5Sコンクールで、えび工場は見事に努力賞の栄誉を勝ち取った。この5S活動とISO 22000を、責任者として推進しているのが望月和志部長であり、これらの活動により、品質向上や生産性向上の成果が現れてきている。

ヤマト食品(株)は、時代に対応した最新の設備を導入し、厳重な品質・衛生管理体制を確立しているが、もっと大切なことは"人材育成などで従事者のレベルアップを図ること"と考えており、これを5SとISO活動によって全社一丸となって進めていくことにより、お客様に安心・安全な製品を提供している。

## 6.7 異物除去の重要性とISOとの関連

食品工場にとって、原材料由来の異物は頭の痛い問題である。いくら工場の衛生管理を完璧にしたとしても、原材料に異物が混入していれば防ぎようがないからである。その対策として、1つは目視選別という手段があるが、人の目に頼ることになるので、選別作業者によるバラツキが生じたり、細かな異物が取りきれないという問題を抱えている。

もう1つの対策としては、機械による異物除去がある。磁力選別機、金属検出器、風力選別機、色差選別機、篩（ふるい）などが相当するが、これとても1台で完璧というわけではない。そこで最近では、目視選別も含めて複合的に異物選別を行う試みがなされている。

食品工場では、最近ISO 22000を認証取得する企業が増えているが、このISO 22000が異物除去に有効に活用できるのである。図表6.10にISO 22000の規格概要図を示したが、この中からいくつか異物除去に効果的な要求事項をピックアップしてみる。

まず「5.6項：コミュニケーション」であるが、ここには「フードチェーン全体に、食品安全に関する問題の十分な情報が伝わることを確実にするために、組織は、供給者及び契約者、顧客又は消費者、法令・規制当局等とのコミュニケーションのための効果的な手続きを確立し、実施し、維持すること」と記述されている。これを食品工場に当てはめれば、原材料メーカーとの異物に関する取り決め、場合によっては工程を監査して指摘するような対策が考えられる。

次に、「7.4項：ハザード分析」であるが、物理的危害の中で原材料由来の異物について、過去の異物混入情報やその可能性について、よく調査・考慮して危害をリストアップすることが該当するであろう。

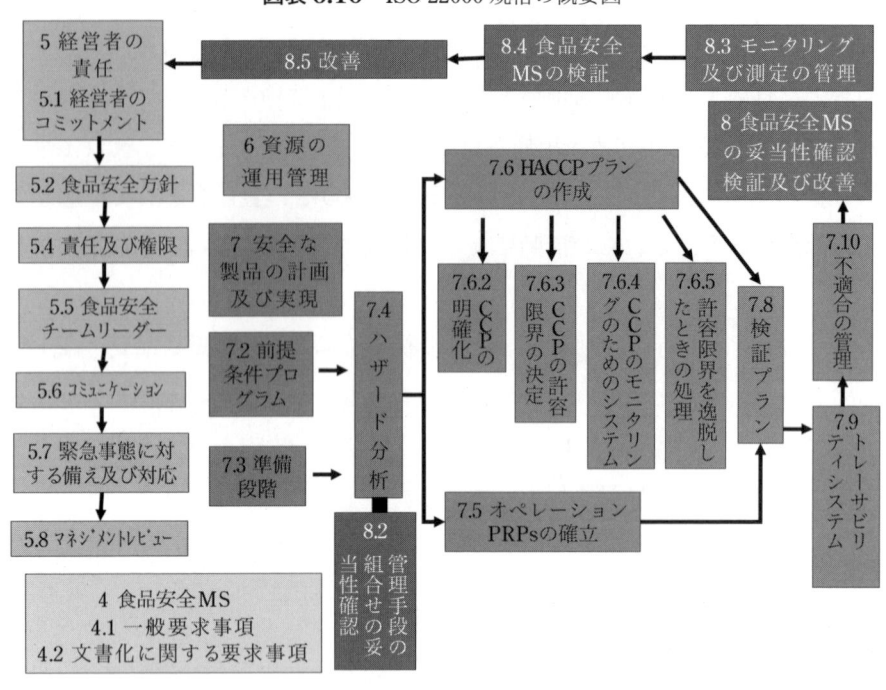

**図表 6.10** ISO 22000 規格の概要図

最後に、「8.2項：管理手段の組合せの妥当性確認」であるが、ここには「妥当性確認の結果、不満足な状況であれば、管理手段及び／又はその組合せを修正する」とあり、また「修正には、原材料の特性を含む管理手段の変更を含める」と記述されている。すなわち、異物に関する原材料メーカー・中間異物選別業者・当社の3社での最も効果的な管理手段を実施する必要性が当てはまる。

また、FSSC 22000における PAS 220 の部分では、「10.4項：物理的汚染」において「ハザード評価に基づいて、潜在的汚染を防止するか、管理するか又は検知するために、手段を実施すること」とある。これに対する手段の例として、下記の3つが例示されている。

a) 暴露された材料又は製品、装置又はコンテナへの"覆い"の実施
b) スクリーンメッシュ、マグネット、筒又はフィルターの使用
c) 金属探知機又はX線のような検知器、又は排除装置の使用

また、異物混入は原材料由来で生じる場合が多く、「9章：購入材料の管理」においては、「食品の安全に影響を与える材料の購入は、供給者が特定された要求を果たす能力をもち、その材料が確実に管理されていなければならない」との要求事項がある。そのため、「9.2項：供給者の選定及び管理」において、「異物がないような原料を継続的に供給するだけの能力を評価して選定すること」と規定されている。

静岡県の富士宮市に、異物除去の専門企業である（株）寶屋がある（写真6.6）。従業員は20名弱であるが、大手食品メーカーを中心にした顧客から、原材料由来の異物の除

## 第6章 マネジメントとしてのFSSC 22000

**写真 6.6** （株）寶屋

**写真 6.7** 粉体選別工程

去作業を請け負うことで発展してきた。若林専務をはじめ、製造の主要メンバーでISO 22000に取り組み、2007年11月に見事、異物除去業界初の認証取得を達成した。この時に取得を支援したのが筆者である。（株）寶屋での異物除去作業は、主力の選別工場と本社工場で、乾燥野菜等の個体選別と目視選別および粉末等の粉体選別を行っている。また2011年からは冷凍原材料を選別できる大型倉庫を加えて、食品業界から健康食品業界まで幅広く、原材料の異物除去を行っている。

同社は、まったく新しい機構の磁力選別機と高感度の金属検出機を組み合わせた選別ラインを採用している。特に弱磁性異物から非磁性金属異物まで、全ての金属異物の選別が可能な機器を備えており、乾燥野菜などの固体物だけではなく、顆粒製品や粉製品の異物選別もできるのが特徴である（写真6.7）。

磁力選別機がFe、SUS、石、泥、虫の糞等を除去し、金属検出機がAl、Cu等の非鉄金属を除去する。テストピースは、アルミで$\phi$ 0.59mm、銅線で$\phi$ 0.18 × 2mmと、驚くほど小さいものを使用している。この装置のほかに、パンチングフィーダー、篩、空気搬送機、風力選別機、X線検出器、ベルト目視などによりあらゆる異物の除去を可能としてい

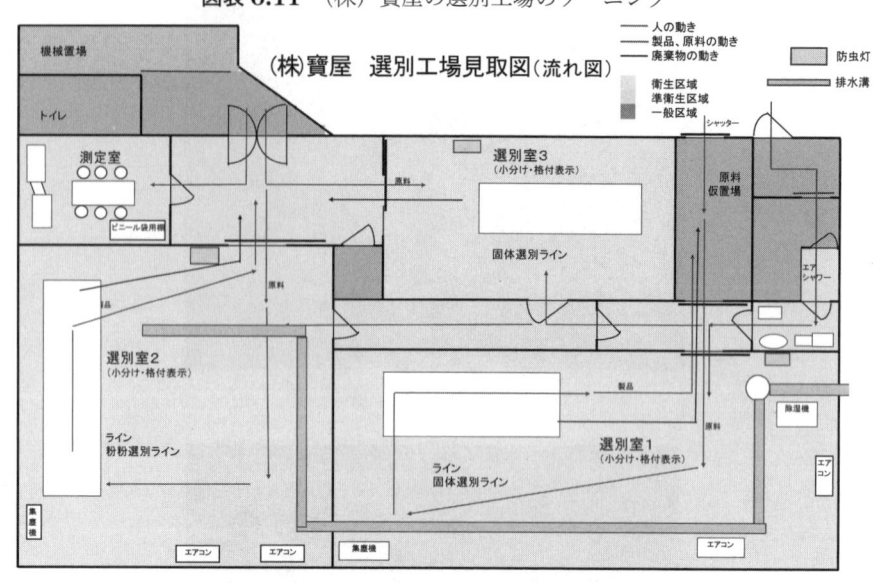

**図表 6.11** （株）寶屋の選別工場のゾーニング

**図表 6.12** 粉体用異物選別機のマニュアル

- ノンベルトレナスター
  - 各部品を組み込む　エアホース差し込み
  - 本体、金属検出機の電源を入れる
  - ＊重要＊
    テストピース　アルミ φ 0.59mm（銅線等）を投入し排出を確認
- 分離板の角度調整
  - 製品の落下曲線に対して分離板を合わせる

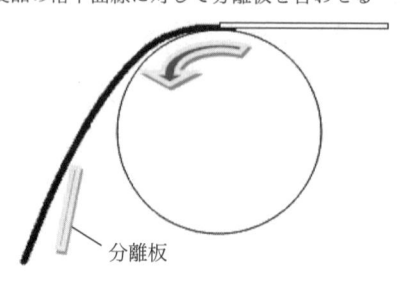

る。この装置の組み合わせや条件設定値は同社の企業ノウハウであり、同業者の追随を許さないものとなっている（図表 6.11）。

　同社が ISO 22000 の認証取得をした動機は、社内のノウハウを文書化することで、製造部員にも異物除去の設定を確実に実施してもらうというのが目的であった。取得に際しての活動としては、選別工場のゾーニングから始め、以前は休憩室だった場所を異物の測定室に改造した。

　次に、異物除去ごとに設備条件一覧表を作成し、作業前に確認するようにした。また、作業マニュアルや洗浄マニュアルを作成してこれを徹底することにより、確実な異物除去を実現した（図表 6.12）。実際に、異物除去不足に関するクレームは発生しておらず、同社は ISO 22000 を効果的に活用していると言える。

# 第 7 章　食品工場の緊急事態対応と事業継続管理

　この章では、今後も発生する可能性がある震災などに際しての食品工場の緊急事態対応によるリスク管理について説明するとともに、地震・停電などへの予防対策と発生時への対応についての具体的な手段を述べる。

　また、食品企業における BCP（Business Continuity Plan：事業継続計画）の要点を解説するとともに、事業継続と深く関連のある"技術ノウハウの流出防止"について述べる。

## 7.1　食品工場における緊急事態対応とは

　食品工場では、最近 ISO 22000 を認証取得する企業が増えているが、実はこの ISO 22000 が緊急事態対応に有効に活用できるのである。ISO 22000 の規格要求事項「5.7 項：緊急事態に対する備え及び対応」があり、ここではトップマネジメントは、フードチェーンにおける組織の役割と関連する食品安全に影響を与える可能性がある緊急事態、および事故を管理するための手順を確立し、実施し、維持することを要求している。食品企業の緊急事態には様々なケースが考えられ、その項目は企業によって違ったものとなってくる。以下に代表的な項目を示す。

　① 食中毒菌の発生（顧客連絡・自社発覚）
　② 鳥インフルエンザなどのウイルスが近隣で発生
　③ 停電による冷凍庫・冷蔵庫等の停止
　④ 地震によるあらゆる緊急事態（インフラ供給停止、使用水の汚染、昆虫等の大量発生、原材料の入手困難、設備や装置の故障、設備や装置からの異物混入など）

　これらの緊急事態に対応するためには、予め発生した時にどのような対処をするのか決めておく必要がある。例えば、食中毒が発生した時の緊急事態対応をフローチャートにしておくと、顧客より食中毒などのクレーム連絡があった場合の緊急事態の対応手順にもなる（図表 7.1）。食品企業ではこのようなフローを作成し、実際に関係者でテストを実施してみることが肝要であり、その結果、迅速に対応できるしくみが構築される。

　また、予めその原因追究のための調査方法を決めてテストをしておくとよい。調査方法は緊急事態の種類によって異なり、菌の増加、異物混入、日付・表示ミス、外観異常など

**図表 7.1 緊急事態（クレーム）対応フローチャート**

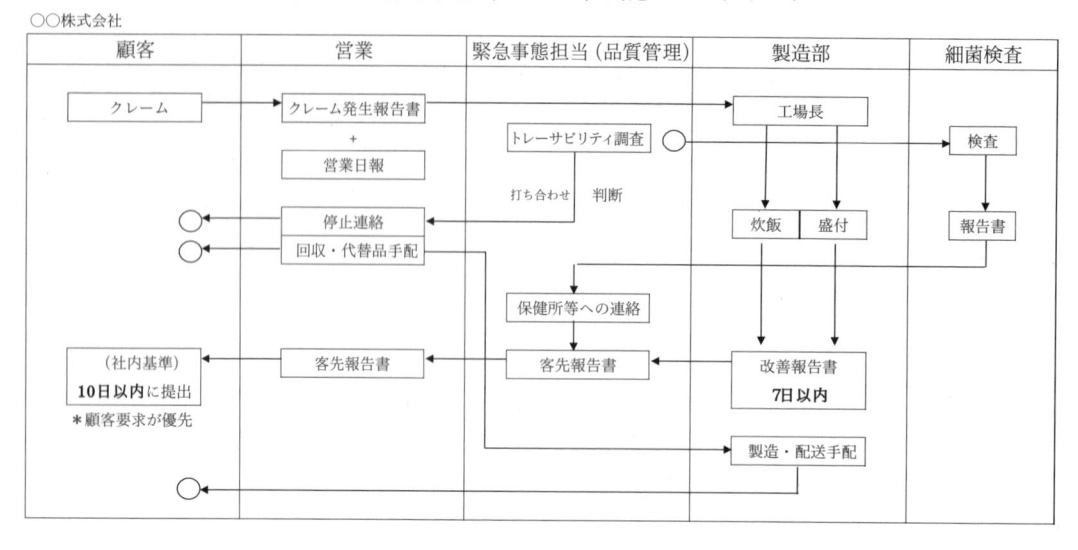

○○株式会社

| 顧客 | 営業 | 緊急事態担当（品質管理） | 製造部 | 細菌検査 |
|---|---|---|---|---|
| クレーム → | クレーム発生報告書＋営業日報 | トレーサビリティ調査 → 打ち合わせ 判断 | 工場長 → 炊飯／盛付 | 検査 → 報告書 |
| ← 停止連絡 ← 回収・代替品手配 | | 保健所等への連絡 | | |
| （社内基準）10日以内に提出 *顧客要求が優先 | 客先報告書 | 客先報告書 | 改善報告書 7日以内 → 製造・配送手配 | |

**図表 7.2 緊急事態（クレーム）項目別調査方法**

| 緊急事態 | 調査方法 | |
|---|---|---|
| 菌の増加 | 検体検査 | 現物、キープサンプル　自社（2～3日）、公的機関（約1週間） |
| | 手指検査結果、次亜塩素酸Na濃度の検査結果 | |
| | 冷蔵庫・冷凍庫の温度記録 | |
| 異物混入 | 工程途中 | ○毛髪：ローラー掛けの徹底不足、入室時のチェック不足を確認<br>○金属異物：金属探知機チェック結果<br>○虫：飛虫のモニタリング記録の確認<br>○その他異物：検品者の目視の問題を確認 |
| | 原料由来 | ○自社の在庫を調べる。トレーサビリティ<br>○在庫がない場合は、業者に確認（製造工程での混入の可能性など） |
| 日付・表示ミス | ○ラベルチェックリストにて確認<br>○初回登録（入力）の間違いを確認 | |
| 外観異常 | ○機械の作動異常の確認<br>○目視検品者の確認 | |
| 欠品・包装くずれ | ○業者による配送手順の確認<br>○ピッキング間違い（ピッキングリストの確認） | |

　が該当する。それらについての原因調査手順をまとめたものが、「緊急事態（クレーム）項目別 調査方法」である（図表7.2）。緊急時の対応はスピードが非常に重要であるので、予め調査方法を決めておくことで、迅速に原因追究できるので便利である。

　皆さんの食品工場では、2011年3月11日に発生した東日本大震災の緊急事態に迅速に対応できたであろうか？　未曾有の災害であり、甚大な被害を被った企業が多かったと思われるが、今後も大きな災害が起こらないとも限らない。是非とも、早急に緊急事態対応の仕組みを再構築することを推奨する。

## 7.2 地震・停電などへの予防対策

東日本大震災は食品企業にとって、今後、地震・停電などが発生した際のダメージを最小限に食い止めるための備えとしての対応を余儀なくされている。すでに、そのための作業を進めている企業もあるかと思うが、具体的には、以下の4項目が挙げられる。

① 原材料および包装材の調達

2011年3月11日の東日本大震災の時は、原材料や包装材の供給に苦労した食品工場が多かったようである。それについての対応としては、以下の項目を実施しておくとよい。

　a. 配合設計時に、予め代替の原材料を用意しておく
　b. 複数の業者から原材料を購入しておく
　c. 優先的に供給してもらうように、原材料業者と密接な関係を構築しておく
　d. 海外の原材料メーカーと密接な関係を持っておく
　e. 複数の包装材料メーカーと取引しておく
　f. 緊急事態の際の輸送経路を確保しておく
　g. 原材料・包装材料メーカーの設定した事業継続計画の確認と指導を行う

② 建物・機械の耐震化、自家発電機の導入

耐震性を検討する場合、主に構造体のみに注意が向きがちであるが、食品設備機器の耐震性も十分に検討しておく必要がある。中規模の地震で、建物自体に損傷がなかったにもかかわらず、設備配管や機器の破損により内容物が流出してしまい、操業停止になった被害事例も見受けられる。生産施設では、たった1本の配管のわずか数ミリの損傷であっても、結果的に全体の機能がマヒする可能性がある。

建物や、それに準ずる設備関連には、建築基準法などの一般化された耐震基準があるので、それらを指標とした対策の検討で十分であるが、生産施設における生産装置や搬送装置については、こうした一般的な耐震基準が明確になっていない。したがって、生産設備全ての要素に対する一貫した耐震対策の取り組みが重要となってくるのである。

また東日本大震災により、政府が計画停電などの電力需給緊急対策を打ち出したことを受け、食品企業においては、電力対策や冷凍設備などへの電力供給のために、自家発電機を導入するところが多くあった。災害による緊急時の対応を含め、今後も電力供給に対する備えの導入を検討するべきであろう。

③ 情報セキュリティ管理

地震などの災害・障害発生時に企業内の情報が失われないように、情報のバックアップを確実にしておくことが重要である。また、バックアップ情報が災害・障害で失われないように、別の場所でもデータを保管しておいた方がよい。

さらに最近では、災害・障害に強い場所のデータセンターにサーバを設置するなど、クラウドコンピューティングの対策を実施している食品企業もある。

④ 物流対策

震災前は、多くの食品関連企業がコストダウンを念頭においた物流ネットワークの構築を進めていた。例えば、全国各地にあった物流センターを大幅に集約したり、在庫型センターから通過型センターへ移行したりするなど"集中型物流"が主流となっていた。

しかし、この集中型物流はコスト削減ではメリットがあったものの、今回の大震災のような有事の際にはリスク対応がとりにくかった食品企業が多かったのも事実である。

また、物流センターが停止した際の、バックアップセンターの準備が不十分であったり、普段使用している配送事業者の代替事業者を用意していなかったために、一時的に物流が滞ったという事例も発生した。これからの物流対策は、今回の大震災での教訓も踏まえて対応していくべきである。

## 7.3 地震・停電発生時への対応

地震・停電などが発生したとき実施すべき応急処置においても、予め対応手順を決めておく必要がある。具体的には、以下の3項目が挙げられる。

① 従業員の安否確認

災害発生時に従業員の安否と被災状況を迅速に把握することは、災害時の初動対応の中でも重要な位置を占める。その手段はまず固定電話・携帯電話であるが、大震災直後には非常につながりにくかったのも事実である。

したがって、安否確認をできるだけ確実に迅速に行うためには、複数の通信手段を考えておく必要がある。固定電話・携帯電話の代替通信手段として考えられるものは、災害用伝言サービス、携帯メール、公衆電話やIP電話、衛星電話などに加えて、市販の安否確認システムやグループウェアに組み込まれているシステムなど様々なものが挙げられ、これらの手段を検討しておくことが必要になってくる。

② 機械の停止の判断と生産開始時の確認

大きな地震が発生した時は、食品製造ラインは基本的に停止することが確実である。それは、品質面だけではなく、緊急停止用のセンサーが故障し労働災害に発展する場合もあるからである。停止後は、建物・冷蔵庫・冷凍庫・ボイラー・コンプレッサー・ホイスト・貯水槽などの施設に異常がないか確認する必要がある。食品製造にかかわる機械については、特に入念なチェックが肝要である。設備の破損や設備内部のカスなどが取れて異物混入につながる可能性があるので、念入りにチェックする。

これらへの対応としては、マニュアルまたは災害復旧チェックリスト（図表7.3）を作成し、その手順が妥当かどうかテストを実施するとよい。対応策としては、例えば以下の手順などが考えられる。

【作業中の震災や停電等による機械停止】

 a. 製造担当者は、製造責任者に連絡する

 b. ライン上の原材料に異常がないか確認する

 c. 品質管理担当者が検査する

 d. 設備・ユーティリティを点検後、再起動をかける

【冷凍庫、冷蔵庫の停電および冷却機の故障】

 a. 製造担当者は、製造責任者に連絡する

 b. 状況が長期にわたる場合は指示に従い、別の冷蔵庫・冷凍庫に原料を移す

 c. 品質管理担当者が原材料を検査する

 d. 経営層・製造責任者が原材料の使用可否を判断する

図表7.3　災害復旧チェックリスト

点検日：　　年　　月　　日
点検者：　　　　　／点検エリア

| 部位 | No. | チェック事項 | 判定 | 状況 |
|---|---|---|---|---|
| 工場内の出入口 | 1 | 災害の影響で隙間ができていないか | | |
| | 2 | 防虫対策の機器に損傷はないか | | |
| | 3 | 室内は陽圧になっているか | | |
| 工場内の温湿度・照明 | 4 | 温湿度管理のための機器は損傷していないか | | |
| | 5 | 照度管理のための機器は損傷していないか | | |
| 空調・窓・換気 | 6 | 結露が発生しやすくなっていないか | | |
| | 7 | カビが発生しやすくなっていないか | | |
| | 8 | 破損箇所はないか | | |
| | 9 | 隙間・網戸は適切か | | |
| 壁面、天井、床、排水溝 | 10 | 異物源となりうるものはないか | | |
| | 11 | 破損はないか | | |
| | 12 | 塗装剥がれはないか | | |
| 製造設備・調理器具 | 13 | 異物源となりうるもの、塗装剥がれはないか | | |
| | 14 | 設備や配管の損傷はないか | | |
| | 15 | 設備や配管の中で異物が発生していないか | | |
| | 16 | ユーティリティの故障はないか | | |
| | 17 | 作動状態は問題ないか | | |
| 原材料保管・製品保管温度管理 | 18 | 冷凍または冷蔵温度条件は適切に機能しているか | | |
| | 19 | 冷凍庫・冷蔵庫の外観に損傷はないか | | |
| | 20 | 冷凍機や配管に損傷はないか | | |

| | No. | 要改善事項 | 期限 | 対策結果 |
|---|---|---|---|---|
| 改善事項の管理 | | | | |

③ 顧客への連絡、HPでの情報公開

地震などの災害による自社工場へのダメージが発生した場合には、即座に顧客または消費者への連絡や対応をとる必要がある。情報連絡はスピーディに、適切に対応しないと顧客に迷惑をかけることになる。以下に、そのポイントを示す。

　　a. 災害発生における工場の被害の状況報告
　　b. 当面の供給能力の顧客への報告（顧客別）
　　c. 段階的復旧時期と、その際の供給能力の報告（顧客別）

また、主要顧客への情報伝達はメールや郵送ではなく、営業担当者が報告書を持参して報告するべきである。

## 7.4　食品企業の事業継続管理とは

事業継続計画（BCP）とは、食品企業が自然災害、大火災、テロ攻撃などの緊急事態に遭遇した場合において、事業資産の損害を最小限にとどめつつ、中核となる事業の継続あるいは早期復旧を可能とするために、平常時に行うべき活動や緊急時における事業継続のための方法、手段などを取り決めておく計画のことである。

緊急事態は予測しえないことが突然発生するものであるが、それに対して有効な手を打つことができなければ、事業を縮小し、従業員を解雇しなければならない状況、または最悪の場合には廃業に追い込まれる恐れがある。その対策としては、平常時からBCPを周到に準備しておき、緊急時に事業の継続・早期復旧を図ることが重要となる。それができている企業は、顧客の信用を維持することができ、市場関係者から高い評価を受けることにもつながる。

食品企業の事業継続については、SQF（Safe Quality Food）という食品安全マネジメントシステムの認証規格（オーストラリアで立案されたHACCPシステムとISO 9001の一部を組み合わせた認証制度）の「4.1.6項」で、事業継続計画いわゆるBCPを策定することと、年1回その計画についてテストすることが定められている。また、ISO 22000での要求事項は、「5.7項：緊急事態に対する備えおよび対応」が事業継続計画の一部に当てはまる。

大きな災害はめったに発生するものではないが、いざという時のために、BCPの策定は必須である。食品企業におけるBCP策定の手順は、一般的には以下のように進めるとよい。

　　① 優先して継続または復旧すべき中核事業を特定しておく。
　　② 緊急時における中核事業の目標復旧時間を定めておき、その対策案を立案する。

阪神淡路大震災の時は、情報システムのバックアップを取っていなかった企業が、復旧に多くの時間がかかったと言われている。

③ 緊急時に提供できるサービスのレベルについて、顧客と予め協議しておく。

④ 事業拠点や生産設備、仕入品調達等の代替案を用意しておく。

食品工場を東日本と西日本の2カ所に設置したり、仕入品の調達先を複数用意するなどの代替案を用意しておくとよい。

⑤ 経営層および管理職で、事業継続計画について知識の共有を図っておく。

事業継続計画についてマニュアルで決めておいても、いざ災害が発生したときに、あわてて実行できないことがある。このようなことを防止するために、予め経営層、管理職で事業継続計画についてよく話し合っておくことが肝要である。

大地震などの緊急事態に遭遇すると、企業や工場では操業率が大きく落ち込む。事業継続について何も備えを行っていない企業では、事業の復旧が大きく遅れて事業の縮小を余儀なくされたり、復旧できずに廃業に追い込まれたりする恐れがある。一方、BCPを導入している企業は、緊急時でも中核事業を維持・復旧することができ、その後、早い時期に操業率を100％に戻したり、さらには市場の信頼を得て事業が拡大したりすることも期待できる（図表7.4）。

BCP策定成功の成否は、経営者のリーダーシップによるところが大きい（図表7.5）。BCPを策定する際には、自社の事業内容、顧客等の取引先や市場、協力会社、従業員についてしっかり把握することが必要となる。

BCPの策定・運用に当たっては、まずBCPの基本方針の立案と運用体制を確立し、日常的にPDCAのサイクルを回すことがポイントとなる。すなわち、BCPにおけるPDCA

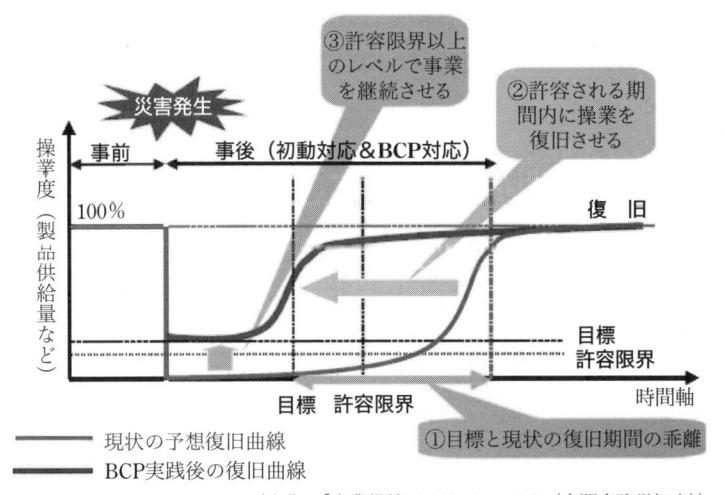

**図表7.4 事業継続計画（BCP）の概念**

（出典：「事業継続ガイドライン」より（内閣府防災担当））

**図表 7.5** 経営者のリーダーシップ

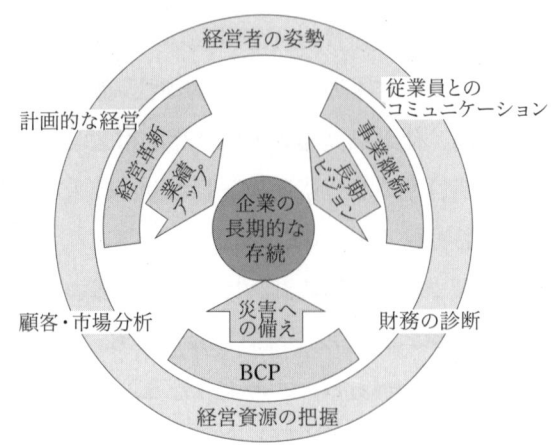

経営者の姿勢／従業員とのコミュニケーション／事業継続／BCP／経営資源の把握／災害への備え／財務の診断／顧客・市場分析／計画的な経営／経営革新／業績アップ／長期ビジョン／企業の長期的な存続

(出典：「中小企業BCPガイド」より（中小企業庁））

**図表 7.6** BCMS における PDCA サイクル

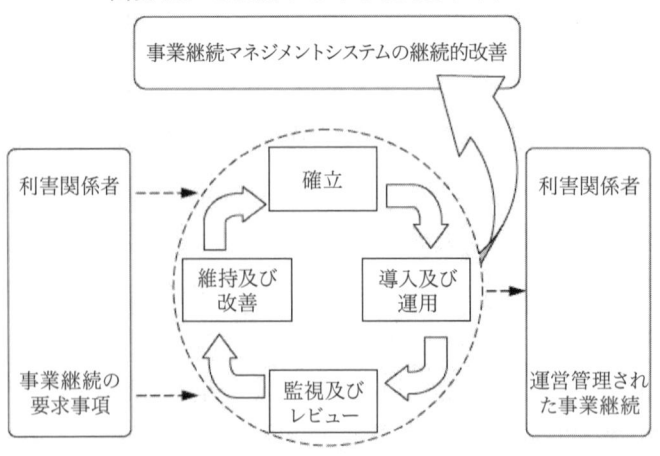

事業継続マネジメントシステムの継続的改善

利害関係者 → 確立 → 導入及び運用 → 監視及びレビュー → 維持及び改善

事業継続の要求事項

利害関係者／運営管理された事業継続

(出典：「BS 25999-2 序文」より　BCMSプロセスに適用されたPDCAサイクル)

サイクルは、以下の手順で運用される。

① 事業を理解する
② BCP の準備、事前対策を検討する
③ BCP を作成する
④ BCP 文化を定着させる
⑤ BCP の診断、維持・更新を行う

このサイクルを定期的に見直すことにより、BCP の完成度を高めていく。

事業継続計画は、組織が事業中断による事業への影響を特定し、復旧力や対応力を改善する目的で実行するためのハードウェア資産とソフトウェア資産を総合的に計画することであり、事業復旧計画（BRP：Business Recovery Plan）とも呼ばれている。このようにBCPを策定、運用、訓練し、継続的改善する取り組みを、事業継続管理システム

（BCMS：Business Continuity Management System）という（図表 7.6）。

BCP は、災害時に事業を継続する方法について定めているが、火災、地震や洪水、または世界的伝染病の流行だけではなく、供給元の喪失、重要なインフラ（機械またはコンピューティング／ネットワーク資源の主要な部分）の喪失、または窃盗や破壊といった、あらゆる事態を考慮して策定することになる。

2007 年に、英国規格協会（BSI）は、ドキュメント化された事業継続管理システム（BCMS）の実装、運用および改良のための要求を規定する BS 25999-2「事業継続管理のための仕様（規格要求事項：審査基準）」を発行した。その中で、BCMS についての内容は以下の 3～6 章で構成され、それぞれにおいてマネジメントシステムの PDCA を回すことが要求されている。

3 章：事業継続マネジメントシステムの計画

　　　組織の全般的方針及び目的に従った結果を出すための、リスクマネジメント及び事業継続の改善に関連した事業継続の方針、目的、目標、管理方法、プロセス及び手順を確立する。

4 章：BCMS の導入及び運用

　　　事業継続の方針、管理方法、プロセス及び手順を導入し、運用する。

5 章：BCMS の監視及びレビュー

　　　事業継続の目的及び方針のパフォーマンスを監視しレビューする。その結果を経営陣に報告し、修正及び改善のための処置を決定し承認する。

6 章：BCMS の維持及び改善

　　　マネジメントレビューの結果に基づいて予防処置及び是正処置を実施し、BCMS の維持及び改善を行う。

これからは、BS 25999 に基づいて BCP を推進することが、企業のリスク管理において必要になってくるであろう。今後は、食品業界における中小企業にも BCP が広まってくることが予想され、そのためには BCP の必要性の浸透と、従業員にもわかりやすいマニュアルの整備が期待されるところである。

## 7.5　食品企業ノウハウの流出防止の実態

食品企業にとって、重要な技術ノウハウが外部に流出すると致命的なダメージを被る可能性がある。例えば、流出した技術ノウハウが国内外の同業他社に渡り、競合商品が販売されることで自社の売上やシェアが低下したり、流出先の企業がその技術ノウハウを特許出願して権利を取得すると、自社で製造ができなくなる事態が発生することもある。ここ

**図表 7.7** 技術ノウハウ流出のパターン

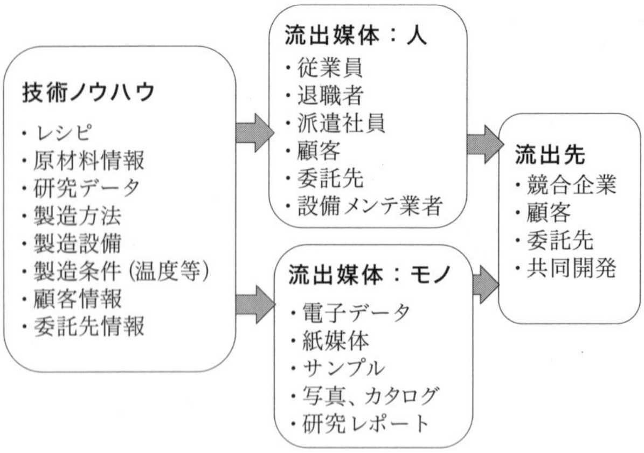

```
技術ノウハウ          流出媒体：人
・レシピ              ・従業員
・原材料情報          ・退職者
・研究データ          ・派遣社員          流出先
・製造方法            ・顧客              ・競合企業
・製造設備            ・委託先            ・顧客
・製造条件（温度等）  ・設備メンテ業者    ・委託先
・顧客情報                                ・共同開発
・委託先情報          流出媒体：モノ
                     ・電子データ
                     ・紙媒体
                     ・サンプル
                     ・写真、カタログ
                     ・研究レポート
```

（出典：中部経済産業局『技術流出防止マニュアル』を加工）

では、いくつかの事例を紹介しよう。

- A社の研究開発部長が競合他社にヘッドハンティングされ、A社の有力な商品を作らせた。その関係でA社の市場シェアは下落した。
- B社の取引先である食品大手企業C社から、安全確認のため工場監査があり、製造装置にノウハウがある工場現場を見せて説明したところ、その後食品大手企業C社は自社で製造装置を購入して生産を始め、B社からは購入しなくなった。
- D社は、最近知り合った食品中堅企業E社から共同開発の打診があり、交渉を重ねたが結局契約には至らなかった。後日E社は、その交渉過程で知りえた技術ノウハウを含む特許を出願したため、D社はその技術ノウハウを利用できなくなった。
- F社の製造工場では、派遣社員がレシピに基づいて原料を配合していたが、F社を辞めてからライバル会社のG社にそのレシピを売り渡した。

上記のようなことにならないように、食品企業ではまず技術ノウハウを特定して、その流出パターンを把握することから始める必要がある。技術ノウハウとしては、レシピ、原材料情報、研究データ、製造方法、製造設備、製造条件（温度等）、顧客情報、委託先情報などが考えられる。また、人からの流出媒体としては、従業員、退職者、派遣社員、顧客、委託先、設備メンテナンスの業者などが考えられ、モノからの流出媒体としては、電子データ、紙媒体、サンプル、写真、カタログ、研究レポートなどが考えられる。流出先としては、競合企業、顧客、委託先、共同開発などが考えられる（図表7.7）。

## 7.6 ノウハウの流出防止対策

食品企業にとっての重要な技術ノウハウの外部流出防止策としては、①ノウハウ情報の

第7章 食品工場の緊急事態対応と事業継続管理

**図表7.8** 通信販売管理業務の流れ図

| 流れ | 情報受取 | 社内業務 | | | 社内業務保管 | 廃棄 | バックアップ |
|---|---|---|---|---|---|---|---|
| 顧客 | 個人情報 | | | | | | |
| 業務課 | 受注書受取・確認 | データベースに → 通販顧客名簿個人データ | 紙出力 → 6カ月超えると保有個人データ 約6,000件 | マーケティング用グループ名簿作成 | 送り状 / 出荷報告書 | シュレッダーで裁断 | データベースのデイリーバックアップ実施 耐火金庫内に保管 |
| 外注先 | サーバーメンテナンス業者 | | | | | | |

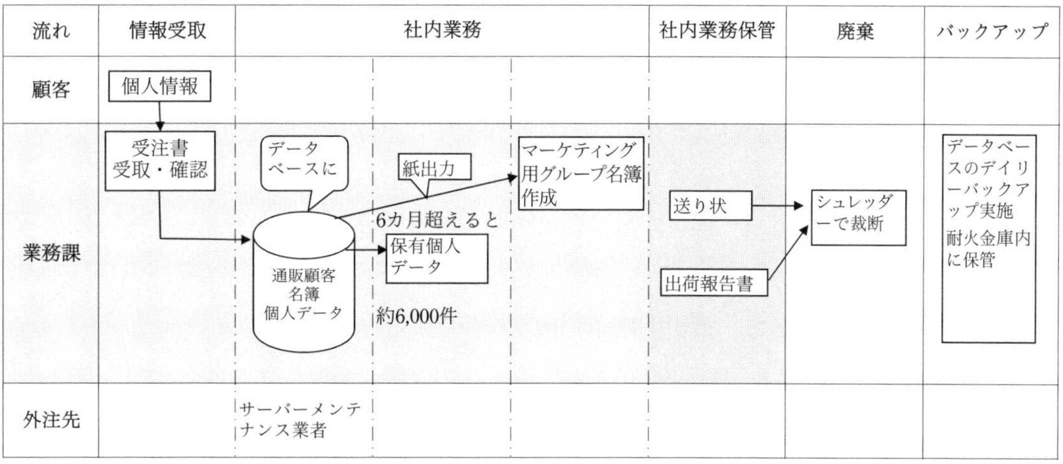

把握と流れの把握、②ノウハウ情報の物理的・技術的管理、③人的・法的管理、④組織的管理、の4つを適用するとよい。以下に、その詳細を示す。

① ノウハウ情報の把握と流れの把握

技術ノウハウは、その会社にとっては日常的なものであるだけに、意外と把握していない場合が多い。それを見つけ出すのが最初のポイントである。

a. 秘伝の味を有している
b. 独自に製造設備やラインを考案・改良した
c. 最終的な味付けや焼き色は、特定の社員でないと出せない
d. 原材料メーカーとタイアップして開発した
e. 特定の顧客と苦労して築きあげてきたもの　など

技術ノウハウが特定できたところで、そのノウハウの電子情報ないし紙媒体の流れ図を作成するとよい。図表7.8に、ある食品企業のノウハウとして特定された通信販売管理業務の流れ図を示す。この場合は直接の情報アクセス者は業務課のみであるが、例えばレシピとなると、研究開発だけではなく生産管理部、製造部、一括製造委託先など多くの部署がかかわってくるので注意が必要である。

② ノウハウ情報の物理的・技術的管理

次に、これらノウハウ情報の物理的・技術的管理であるが、以下の対策を実施するとよい。

a. 秘密度のレベルを区分して識別する（厳秘、秘密、社外秘）
b. 秘密情報へのアクセスを限定する（人の限定、持出禁止等）
c. 秘密情報の保管・廃棄の管理（鍵管理、シュレッダー使用）
d. 外部者の侵入からの管理（ICカードによる本人確認等）

③ 人的・法的管理

人からの故意の情報流出に対しては、以下の対策を実施するとよい。

a. 社員やパート、アルバイトに対しては、機密保持誓約書を取り交わす
b. 派遣社員に対しては、派遣会社と機密保持契約を取り交わす
c. ノウハウ情報にかかわる人は、限定した社員とする
d. 退職者に対しては、個人所有情報の返還、および退職後も知りえたノウハウについての外部への漏えい禁止を明記した誓約書を取り交わす
e. 委託先については、取引開始時に機密保持契約書を締結する

④ 組織的管理

技術ノウハウの流出防止対策についての組織的な管理を、以下の手順で実施する。

a. 管理策の策定（Plan）：機密管理の基本方針を立案して、従事者に周知徹底する。また技術的ノウハウの流出防止対策の計画を策定する。
b. 管理策の実施（Do）：前述の計画を実施するとともに、従事者の技術ノウハウの流出防止教育を実施する。
c. 管理状況の監査（Check）：定期的な技術ノウハウの流出防止監査を実施するとともに、問題がある部署に対しては対策を要求する。
d. 管理策の見直し（Act）：監査結果等に基づいて、管理策そのもの、または教育の見直しを実施する。

## 7.7 リスク管理の実践事例

栃木県宇都宮市の南に位置するところに、アシードブリュー（株）宇都宮飲料工場がある。アシードブリュー（株）は、大正10（1921）年に設立され、清涼飲料および酒類を製造販売するメーカーである（写真7.1）。同社には、福山と福岡に酒類工場があるが、宇都宮飲料工場は、缶飲料と、2012年5月に立ち上げたペットボトル飲料を製造する主力工場である（写真7.2）。同工場では、顧客に対する飲料の安全・安心を第一に考えて飲料を製造している。

2011年5月に、飲料の安全・安心をより強固にするためISO 22000に取り組み、2011年6月に見事、ISO 14001と併せて認証取得を達成した。ISO 22000とISO 14001を同時に認証取得したのは、同工場が飲料業界で初めてである。同工場はISO 22000の活動の一貫として、「飲料の緊急事態」として、以下の4つを想定して活動してきた。

① 作業中の停電等による機械停止
  ・製造担当者は管理責任者に連絡する

**写真 7.1** アシードブリュー（株）

**写真 7.2** 缶飲料とペットボトル飲料の製造工程

- ライン上の原材料に異常がないか確認する
- 品質管理担当者が検査する
- 設備を点検してから再起動をかける

② 停電および冷却機の故障による冷蔵庫、冷凍庫および牛乳タンクの機能停止
- 製造担当者は管理責任者に連絡する
- 指示に従い識別して、別の冷蔵庫・冷凍庫に原材料を入れ替える
- 品質管理担当者が原材料を検査する
- 経営者、管理責任者が原材料の使用可否を判断する

③ 原材料の危害発覚
- 受入、製造担当者は、品質管理チームに連絡する
- 品質管理担当者が原材料を検査する
- 経営者、管理責任者が原材料の使用可否を判断する

④ 製品の微生物検査の不合格時
- 品質管理チームは、管理責任者に連絡する
- 品質管理担当者が製品の再検査を実施する
- 経営者、管理責任者が製品の出荷可否を判断する

同工場は、上記の緊急事態対応のテストを毎年1月上旬に実施して、その結果を「緊急事態テスト記録」に記録するとともに対応手順を製造部員全員で確認してきた。その結果、東日本大震災で原発事故が発生した際には、上記の"③ 原材料の危害発覚"を適用して、放射能汚染に対して迅速に対応できたのである。

# 第8章　消費者への目線－不安を取り除くには－

「わからないから、不安」―その不安を取り除く方法は、不安の原因によって違ってくる。現在、不安除去の「見える化」を図り、顧客や消費者に対する適切な情報発信が食品企業に求められている。それは、顧客に対する窓口の一本化や、原因と対策・対処を明確にしたうえでの情報発信の迅速さがキーポイントになる。

東日本大震災による原発事故を受けて、農産物や畜産物への放射能汚染の懸念から、特定産品の買い控えが起こっている。この対策として、食品スーパーや食品メーカーは消費者にどのような安全情報を、どのようにして伝えたらよいのかなどについて、今後の展望も含め解説する。

## 8.1　食品危害に関するニュースへの対応

食品危害に関する事故が発生した場合、即座に対応する必要がある。2008年9月に発覚した事故米不正転売は、まだ記憶に新しい事件である。農水省が調べたところ、多数の業者を介する複雑な流通経路を経た後に、食品加工会社、酒造会社、菓子製造会社等全国の多数の業者に転売されていたことが発覚した。農水省は2008年9月16日に、転売先として24都府県の375社の名称を明らかにした。

この事件に素早く対応した食品企業があるので、紹介しよう。

食品企業A社は、米を使った食品を製造していた。事故米問題がマスコミに公となったのは、2008年9月13日の土曜日であった。このとき会社は休みであったが、危機管理ができていたA社は、その日のうちに社長以下、管理者が会社に集まり打合せをした。週明けの顧客からの問い合わせに対しては、2日以内にトレーサビリティをとり報告すること、応対窓口は営業部長に統一することが決められた。

週明け、月曜日の昼過ぎから問合せが殺到したが、事前に打ち合わせた内容で適切に危機を乗り切った。トレーサビリティの結果、事故米を使用していないことが判明したので、報告書を作成して全ての顧客に郵送した。重要な顧客については、営業担当者が訪問して説明した。その結果、顧客の信頼を得たことは言うまでもない。

昨今の大きな不安要因としては、2011年3月11日に発生した東日本大震災の影響で、

福島第一原発の放射能漏れの事故が発生し、地域の食品企業に大きな影響を及ぼしていることは周知の事実である。

厚生労働省の「原子力災害対策特別措置法に基づく食品に関する出荷制限」によると、以下の食品が出荷制限を受けている（2012年8月9日現在）。

　原乳：福島県の一部地域

　野菜類：ほうれん草、キャベツ、キノコ、タケノコ、ユズ等→福島県の一部地域
　　　　　原木しいたけ等→福島県、茨城県、栃木県、千葉県、宮城県、岩手県の一部地域

　穀類：米（平成23・24年度産）→福島県の一部地域

　水産物：イワナ、ヤマメ等→福島県・栃木県・群馬県・宮城県・岩手県の一部地域

　牛肉：福島県全域・栃木県全域・宮城県全域・岩手県全域（県の検査牛を除く）

　茶：茨城県・栃木県・千葉県・神奈川県・群馬県の一部地域

上記の出荷制限は、内閣府の食品安全委員会で決定された、「東北地方太平洋沖地震の原子力発電所への影響と食品の安全性について」により決められており、半減期の長い放射性セシウムの規制値について、当初飲料水や牛乳等は200ベクレル、野菜・穀類・肉・魚等は500ベクレルとなっていたが、2012年4月より一般食品が100ベクレル、牛乳が50ベクレル、飲料水が10ベクレルと規制が厳しくなった（図表8.1）。この規制値がどの程度のものかというのが、文部科学省の"日常生活と放射線"で紹介されており、これを参考に安全を見て規制値を決めている。ちなみに食品からの被ばく線量の上限を、年間5ミリシーベルトから1ミリシーベルトに引き下げて基制値を決めている（図表8.2）。

しかし、この規制値以下であれば消費者にとって安心かと言うとそうではない。たとえ一般食品が80ベクレルで規制値以下であっても、放射能が検出されれば不安はぬぐいき

**図表8.1　飲食物に関する新基制値について**

○放射性セシウムの暫定規制値

| 食品群 | 規制値<br>（単位：Bq/kg） |
| --- | --- |
| 野菜類 | 500 |
| 穀類 | |
| 肉・卵・魚・その他 | |
| 牛乳・乳製品 | 200 |
| 飲料水 | 200 |

※放射性ストロンチウムを含めて規制値を設定

●食品の区分を変更
●年間線量の上限を引き下げ

○放射性セシウムの新基制値

| 食品群 | 規制値<br>（単位：Bq/kg） |
| --- | --- |
| 一般食品 | 100 |
| 乳児用食品 | 50 |
| 牛乳 | 50 |
| 飲料水 | 10 |

※放射性ストロンチウム、プルトニウムなどを含めて規制値を設定

シーベルト：放射線による人体への影響の大きさを表す単位
ベクレル：放射性物質が放射線を出す能力の強さを表す単位

（出典：「厚生労働省医薬食品局食品安全部基準審査課」の2012年3月のデータを一部加工）

第 8 章 消費者への目線－不安を取り除くには－

**図表 8.2** 日常生活と放射線（単位：ミリシーベルト）

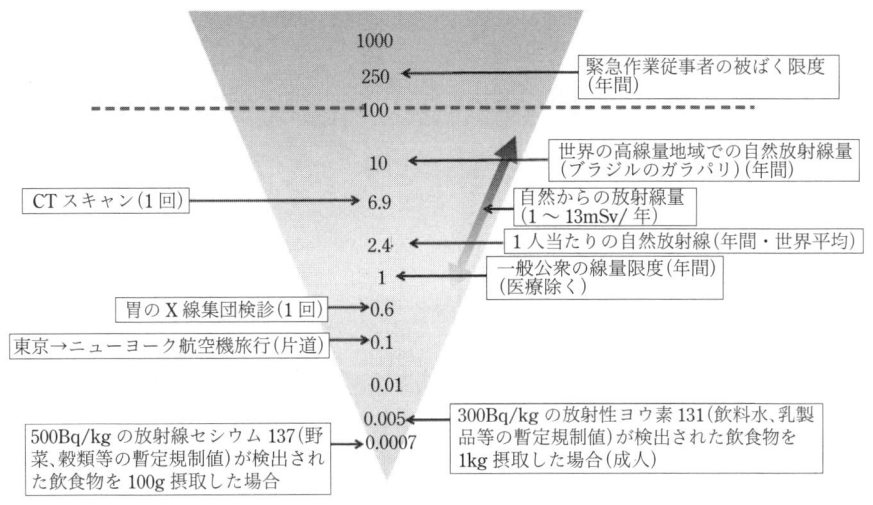

```
                    1000
                     250 ← 緊急作業従事者の被ばく限度（年間）
                  - - 100 - - - - - - - - - -
                      10 ← 世界の高線量地域での自然放射線量
                            （ブラジルのガラパリ）（年間）
  CTスキャン（1回） →  6.9    自然からの放射線量
                              （1～13mSv/年）
                     2.4 ← 1人当たりの自然放射線（年間・世界平均）
                       1 ← 一般公衆の線量限度（年間）
                              （医療除く）
  胃のX線集団検診（1回）→ 0.6
  東京→ニューヨーク航空機旅行（片道）→ 0.1
                    0.01
                   0.005 ← 300Bq/kg の放射性ヨウ素131（飲料水、乳製
                   0.0007   品等の暫定規制値）が検出された飲食物を
                              1kg摂取した場合（成人）
  500Bq/kg の放射線セシウム137（野
  菜、穀類等の暫定規制値）が検出され
  た飲食物を100g摂取した場合
```

（出典：文部科学省「日常生活と放射線」、放射線医学総合研究所 HP）

れないのである。このような事情から、食品メーカーでは、この放射能問題は色々な面で大きな影響を被っていることは間違いない。前述したように、実際に放射能が検出されて出荷制限になっている原料もあるし、風評被害により大きく売上を落としている食品メーカーもある。

そこで食品メーカーでは、放射能の風評被害を含む自衛対策として、食品中の放射能測定を検査機関に委託したり、自ら検査機器を購入して測定するということが、菌検査と同様に常識となりつつある。このことは、食品メーカーにとってコストがかかり、できれば避けたいロスではあるが、消費者目線から対応せざるを得ない状況にあることも事実である。消費者が不安な食品に関しては民間の独自検査を歓迎する傾向にあり、企業にとっても製品の安全を担保するために自主検査をやらざるを得ない状況にあり、食品企業にとっては悩ましい問題となっている。

## 8.2　消費者の放射能への不安を取り除くには

食品メーカーの放射能汚染への対応としては、食品中の放射線量（ベクレル値）を①自主検査のみ、②自主検査と外部機関検査の両方、③外部機関検査のみ、の3パターンが見られる。自主検査だけだと信頼性の問題があるので、自社でもできないことはないが、外部機関に測定依頼しているという例がある。

また、本格的にゲルマニウム半導体検出器を用いて自主検査を実施しようとしても、新規購入価格が約1,500万円、また校正等の専門的な測定技術が必要なこともあり、NaI（Tl）シンチレーションサーベイメータで簡易測定をして、検体に異常があれば半導体検出器を

**図表 8.3** 食品の放射能測定装置例

オルテック社製ゲルマニウム半導体検出器

NaI（Tl）シンチレーションサーベイメータ
（日立アロカメディカル社製）

用いた測定を外部に依頼する場合がある。図表 8.3 に放射能測定装置の例を示した。

中小企業の場合は、外部機関に依頼するのが一般的である。外部機関に依頼すると、1 検体当たり放射性ヨウ素と放射性セシウムの測定が 1.5〜2.5 万円程度のようである。外部検査機関としては、"緊急時における放射能測定マニュアル"に掲載されている公的な検査機関がほぼ県別にある。また民間では、日本食品分析センターや日本海事検定協会など、厚生労働省のサイトから検査機関を選ぶとよい。もし、外部機関に食品の放射能測定を依頼する場合は、「測定検体」「測定内容」「測定結果までの日数」「英文でのレポート作成の可否」「費用」「現在の待ち時間」などをよく聞いて選択するとよい。

現在、各種の原料が出荷制限を受けている地域がある。そして、これで終わりということはなく、新たな出荷制限の農作物や海産物が増える可能性もある。農作物については放射性物質飛来汚染と土壌汚染が、海産物については海洋汚染が影響を及ぼす。放射性物質飛来汚染については、原発事故の初期における水素爆発により大量の放射性物質が飛散したために発生したと言われている。その後の農作物の放射能検査結果によると、北は岩手県から西は静岡県あたりまで放射性物質が飛散したと推定され、茶葉や牛肉汚染の原因となった"稲ワラ"の汚染が生産農家や関係者に大きな打撃を与えた。

さらに、放射能による農作物被害のもう 1 つの項目として、汚染された土壌からの作物への濃縮がある。農水省の「農地土壌中の放射性セシウムの野菜類及び果実類への移行の程度」に、移行係数が推定されている（図表 8.4）。移行係数とは、農作物中のセシウム 137 濃度（Bq/kg）/土壌中のセシウム 137 濃度（Bq/kg）であり、このデータによると"サツマイモ"の移行係数が 0.033 と、比較的大きいことがわかる。また、土壌から白米への移行係数は 0.00021〜0.012 と報告されている。

いずれにしても、放射能汚染された土壌から収穫された米や野菜類の放射能測定値には注意を払っておく必要がある。また、日本土壌肥料学会によると、土壌には、チッ素（N）、リン（P）、カリウム（K）を含む肥料が必要とされており、このうちカリウムを与

## 第8章 消費者への目線－不安を取り除くには－

**図表 8.4** 農作物へのセシウム 137 の移行係数

| 分類名 | 農産物名 | 科名 | 移行係数 幾何平均値 | 範囲（最小値－最大値） |
|---|---|---|---|---|
| 葉菜類 | ホウレンソウ | アカザ科 | 0.00054 | － |
|  | カラシナ |  | 0.039 | － |
|  | キャベツ | アブラナ科 | 0.00092 | 0.000072－0.076 [指標値：0.0078] |
|  | ハクサイ |  | 0.0027 | 0.00086－0.0074 |
|  | レタス | キク科 | 0.0067 | 0.0015－0.021 |
| 果菜類 | カボチャ |  | － | 0.0038－0.023 |
|  | キュウリ | ウリ科 | 0.0068 | － |
|  | メロン |  | 0.00041 | － |
|  | トマト | ナス科 | 0.00070 | 0.00011－0.0017 |
| 果実的野菜 | イチゴ | バラ科 | 0.0015 | 0.00050－0.0034 |
| マメ類 | ソラマメ | マメ科 | 0.012 | － |

| 分類名 | 農産物名 | 科名 | 移行係数 幾何平均値 | 範囲（最小値－最大値） |
|---|---|---|---|---|
| 鱗茎類 | タマネギ | ユリ科 | 0.00043 | 0.000030－0.0020 |
|  | ネギ |  | 0.0023 | 0.0017－0.0031 |
| 根菜類 | ダイコン | アブラナ科 | － | 0.00080－0.0011 |
|  | ニンジン | セリ科 | 0.0037 | 0.0013－0.014 |
|  | ジャガイモ | ナス科 | 0.011 | 0.00047－0.13 [指標値：0.067] |
|  | サツマイモ | ヒルガオ科 | 0.033 | 0.0020－0.36 |
| 樹木類 | りんご | バラ科 | 0.0010 | 0.00040－0.0030 |
|  | ぶどう | ブドウ科 | 0.00079 | － |
| 低木類 | ブラックカラント | スグリ科 | 0.0032 | 0.0021－0.0052 |
|  | グースベリー |  | 0.0010 | 0.00060－0.0014 |

（出典：農水省「農地土壌中の放射性セシウムの野菜類及び果実類への移行の程度」より抜粋）

**図表 8.5** 海洋生物のセシウム 137 の濃縮係数

|  | 平均濃縮係数（±s.d.） |
|---|---|
| 軟骨魚類 |  |
| 　アカエイ | 95±14 |
| 硬骨魚類 |  |
| 　マアナゴ | 41±10 |
| 　ニギス | 77±10 |
| 　スケトウダラ | 97±10 |
| 　マダラ | 77±24 |
| 　カサゴ | 57± 8 |
| 　メバル | 82± 8 |
| 　マゴチ | 55± 9 |
| 　アイナメ | 51±13 |
| 　ホッケ | 82±15 |
| 　スズキ | 98±19 |
| 　カイワリ | 64± 9 |
| 　マダイ | 54± 7 |
| 　チダイ | 43± 8 |
| 　ニベ | 48± 5 |
| 　メジナ | 49± 9 |
| 　ハタハタ | 35± 6 |

|  | 平均濃縮係数（±s.d.） |
|---|---|
| 　カツオ | 122±12 |
| 　ブリ | 122± 9 |
| 　ヒラメ | 68±12 |
| 　アカガレイ | 44± 8 |
| 　ソウハチ | 60± 7 |
| 　マガレイ | 31± 5 |
| 　マコガレイ | 40± 8 |
| 　イシガレイ | 64±20 |
| 　ムシガレイ | 47±12 |
| 　アカシタビラメ | 39± 5 |
| 　クロウシノシタ | 28± 4 |
| 甲殻類 |  |
| 十脚目 |  |
| 　サルエビ | 32±10 |
| 　ホッコクアカエビ | 21± 7 |
| 　ヒラツメガニ | 18± 1 |

（出典：笠松不二男『海洋生物と放射能』RADIOISOTOPES, 48, 266-282(1999) より抜粋）

えないと作物が吸収する放射性セシウムの量が増え、これら3つの肥料を畑に入れると減るという報告があり、作物への吸収をより少なくするような農耕地の肥培管理のできる方策について、今後注目していきたい。

一方、2011年4月に茨城県北茨城市の平潟漁協が検査用に採取したコウナゴから、1kg当たり4,080ベクレルの放射性ヨウ素が検出された。世界各国では放射能汚染水の放出に

ついて注視しており、今後、食物連鎖によって濃縮される海洋放出された放射性物質の影響が問題となってくる。

1999年に海洋生物研究所の笠松氏が出した論文には、海洋生物のセシウム137の濃縮係数の表が掲載されている（図表8.5）。これによると、平均濃縮係数は魚の種類によって違うが、大きな魚ほど濃縮係数が高い傾向が見てとれる。そのため、海洋生物を原料に使用する食品メーカーは、今後注意深く放射能データを監視していく必要がある。

それでは食品メーカーは、このような原材料調達における放射能のリスクに対して、どのような対応をとっていったらよいのであろうか？　筆者が実際に食品メーカーで聴取した項目を以下に列挙する。

1. 厚労省や地方行政の放射能測定情報を注視する。
2. 主要原材料メーカーに放射能測定データを要求する。
3. 大きなリスクが考えられる原材料については、自社での簡易測定か測定機関に依頼する。
4. 東北や北関東からの調達だけではなく、外国や西日本等からも調達できるように、購買ルートを開拓しておく。
5. 東北や北関東に工場があるメーカーでは、原材料庫が外部に開放状態にならないように注意を払う。

## 8.3　食品企業の消費者への情報公開

放射能汚染の自衛手段として放射能関連の情報公開の利用があるが、食品製造においては原材料から食品加工、その販売に関しては小売から最終消費者まで担保しなければならず、そう簡単にはいかない。これらについて、現在どのような取り組みを行っているかを、代表的な企業を例に以下に述べてみたい。

（株）イトーヨーカ堂は、国の暫定規制値を超える放射線セシウムが含まれている稲ワラを給与された疑いのある牛肉について、情報公開をするとともに、店で取り扱う全ての国産牛肉に対して、取引先メーカーとの連携による放射性物質の全頭検査を実施することをホームページ上で公開している。

またイオン（株）では、国産牛肉について、牛肉のパックシールに書かれている「生産履歴確認番号」、または「個体識別番号」をホームページ上から入力することで、牛肉の産地や出荷者・品種などの生産履歴と、放射能検査結果が確認できるようになっている。

日本コカコーラ（株）では、ホームページ上で放射性物質の検査の実施を掲載している。それによると、この度の原発事故以後、水と原材料、製品について日本および海外の第三

者検査機関に検査を依頼しており、また外部機関による検査だけでなく、分析検査室に放射能測定装置を2台導入して、海外の検査機関によるトレーニングを受けた社員が測定に当たっていることを写真付きで公開している。

このように、大手スーパーや大手食品メーカーでは、消費者に対して、放射能検査等の情報公開を実施している。このような動きは、消費者が食品の安全性を求める以上、いずれ多くのスーパーやコンビニ、そこに納入している食品メーカー、食品メーカーに納入している原料メーカーに拡大されていくであろう。企業や工場にとっては確実に管理コストが増えることになるが、このような動きは加速し、今後数年単位で継続していくものと思われる。

最近、ISO 22000 や FSSC 22000 を認証取得している企業が増えているが、今回の放射能汚染における食品企業のとるべき対応は、「5.7項：緊急事態における備え及び対応」に他ならない。実際に筆者の知っている飲料メーカーでは、原発事故が発生したすぐ後に、空間線量測定と、段ボールやパレット等の表面汚染測定、および外部への水の測定を即座に手配したところがあり、このような素早い対応こそが、今後の食品メーカーの危機管理として重要視されてくるに違いない。

また、東日本大震災後の 2011 年 3 月 23 日には、都内に水道水を供給する金町浄水場から、乳児が飲む水の暫定規制値の 2 倍を超える放射性ヨウ素 131 を検出したことが発表された。放射性ヨウ素 131 は半減期が短いので、現在は問題となっていないにもかかわらず、多くの飲料メーカーは原発の放射能漏れの問題を緊急事態と想定して、工場内の放射能測定と地下水の放射能検査などを継続的に実施しているところが多い。

このように、食品メーカーでは今後も消費者の不安を取り除いていくために、放射能関連のリスク管理として、以下の項目について対応していく必要がある。

1. 使用原材料について、リスクの高いものは自社で測定するか、外部測定機関に測定を依頼する。
2. 原発事故による土壌汚染が一定の数値以上のところに食品工場がある場合は、除染作業をするか、工場の移転を検討する。
3. 放射能についての対策結果を顧客に公表する。

## 8.4　安全と安心の違いへの対応

原発事故による食品や水の放射能汚染では、専門用語が多く、消費者にはわかりにくい説明が多い。食品の安全性や危険性について、政府機関などには具体的な判断理由の開示が求められる。一般的に、人は未知なものを危険視する心理があり、「ただちに健康に影

響するわけではない」というような文言は、「では、後で影響が出るのか？」と消費者に不安を与えるだけである。目に見えず、状況が悪化すれば命にかかわる可能性があるなどの要素があるので、放射能はより不安に感じる。

東京大学名誉教授の唐木英明氏は、「食品の安全と消費者の不安」と題する論文の中で、以下のように述べている。「食品の安全を人間は経験的に判断してきた。科学は食品のリスクを確率論で表し、確実に安全なレベルを算出した。行政はこれを使って化学物質の規制を行っている。そして感情的には、規制に適合していれば安全で安心、違反していれば危険・不安と判断する。しかし、規制に違反しても直ちに危険が及ばないように、広い安全域を設けていることは知られていない。さらに、規制に適合していても不安を感じる人もいる。」図表8.6に「安心と安全の違い」の図を示した。

このように、規制に適合していても不安を感じる人もいることから、近年、リスクについて行政や専門家、市民らが正確な情報を共有し意見を交換する「リスクコミュニケーション」が重要だと考えられるようになった。食品安全のリスクコミュニケーションにおいては、農薬や放射能汚染など一定のリスクを伴い、なおかつ関係者間での意識共有が必要とされる問題について、安全対策に関する認識や協力関係の共有を図ることが必要とされる。

すなわち、関係者が食品安全の情報を共有した上で、それぞれの立場から意見を出し合い、お互いが共に考える土壌を築き上げ、その中で関係者間の信頼関係を醸成し、社会的な合意形成の道筋を探ることが大切である。食品の放射能問題は、情報公開とともに、このリスクコミュニケーションの継続的な取り組みが必要と思われる。それなしには、消費者の「食」に対する不安感は消えないであろう。

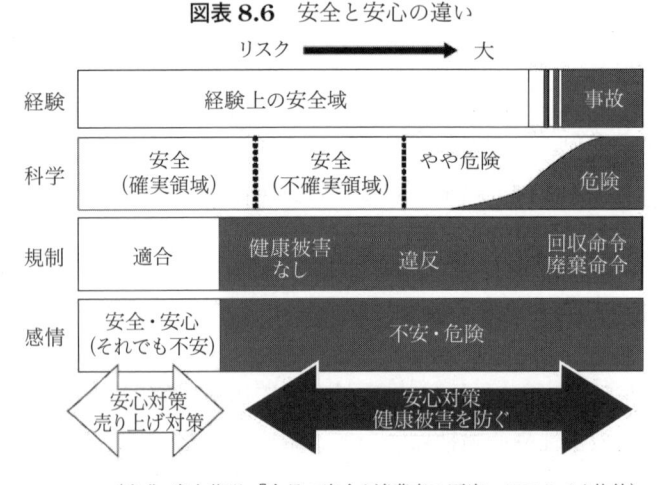

**図表8.6** 安全と安心の違い

| | リスク → 大 |
|---|---|
| 経験 | 経験上の安全域 ／ 事故 |
| 科学 | 安全（確実領域） ／ 安全（不確実領域） ／ やや危険 ／ 危険 |
| 規制 | 適合 ／ 健康被害なし ／ 違反 ／ 回収命令 廃棄命令 |
| 感情 | 安全・安心（それでも不安） ／ 不安・危険 |

←安心対策 売り上げ対策　　安全対策 健康被害を防ぐ→

（出典：唐木英明『食品の安全と消費者の不安』2008.2 より抜粋）

## 8.5 リスクコミュニケーションの事例

　食の安全に対するリスクコミュニケーションを積極的に発信している地方自治体があるので紹介したい。その地方自治体とは、富士山の西南麓に位置する静岡県富士宮市である（写真 8.1）。富士宮市は、富士山の雪解け水を源とする豊富な湧き水や緑あふれる豊かな自然に恵まれ、広大な朝霧高原の酪農や湧き水を使ったニジマス、日本一の標高差を生かした多品種の野菜など、古くから多くの食資源に恵まれ、それを大切に育んできた。

　そのような富士山の恵みをまちづくりに生かそうと、2004 年に「食」を生かした産業振興と市民の健康づくりをめざした「フードバレー構想」を、当時の小室市長が提唱したのが、富士宮市の「食」に関する情報発信の始まりであった。「フードバレー」の名称は、アメリカのコンピューター産業の集積地「シリコンバレー」に由来しており、富士山をはじめとした自然の恵みに育まれた素晴らしい「食（フード）」が多くある、「食の集積地」という意味を込めて「フードバレー」と名付けたのである。

　「フードバレー構想」の基本コンセプトは、食の循環である。「食」は大地からの賜物、つまり「農業」であり、また「農業」はその土地の「環境」そのものでもあり、「環境」が市民の「健康」を作り、「健康」は「食」から始まる。その中心には、富士山の湧水をはじめとする、きれいでおいしい「水」がある。その「水」を中心に、「食」→「農業」→「環境」→「健康」→「食」、この循環が健康に生きる源になるとするものである（図表 8.7）。

　同構想の担当部署である"食のまち・フードバレー推進室"は、市の総合計画に基づき、「食」をキーワードにした次の 5 つの施策を総合的・横断的に推進するため、民・産・学・官それぞれが役割を分担しながら、協働して取り組むことを活動の理念としている。

　　①「食」の豊富な資源を生かした産業振興
　　②「食」のネットワークによる経済の活性化

**写真 8.1**　富士宮市

**図表8.7** フードバレーのコンセプト

＜ロゴマーク＞　　　＜基本コンセプト：食の循環＞

**写真8.2** 富士宮やきそば（(有)マルモ食品工業提供）

　③「食」と環境の調和による安全安心な食生活
　④「地食健身」「食育」による健康づくり
　⑤「食」の情報発信による富士宮ブランドの確立

　具体的には、食育の推進に向けた各種講座の開催や特産品の開発・販路拡大に向けたイベントの実施など、様々な食にかかわる事業を積極的に展開している。例えば、2007年6月に開催した「第2回B-1グランプリ」は、2日間で当初の予想を大幅に上回る25万人の来場者があり、大盛況のうちに終了することができた。そして見事、地元の「富士宮やきそば」（写真8.2）が、第1回大会に続き栄冠を勝ち取ったのである。

　富士宮市では、フードバレー推進事業の1つとして、食品を扱う地域の事業所を対象に、2009年から4年にわたり、「食品企業のリスク対応」と「食品安全でコストダウンを実現」をテーマに、筆者が講師となりセミナーを開催してきた（写真8.3）。毎回、10社20名前後の参加者があり、食の放射能汚染をはじめとする様々な"食の安全"について理解を深めてきた。

　その参加企業の中に、富士宮やきそばの麺の生産最大手である(有)マルモ食品工業があった。同社は富士宮市役所のすぐ近くに位置し、工場の壁には知的障害者施設の富士旭出学園の生徒が描いた絵を見ることができる（写真8.4）。同社はセミナーに触発され「食の安全と生産性向上」のキックオフを2010年2月に実施した。この改善活動は、5S・衛

**写真 8.3** フードバレーセミナーの様子

**写真 8.4** （有）マルモ食品工業

生管理活動と ISO 22000 の認証取得であり、望月社長を先頭に推進してきた。

同社の 5S・衛生管理活動では、食品安全の保障を確固たるものにするために、下記のようなハード面の改善を実施してきた。

① 麺の冷却装置を内部循環方式のクーラーに変更し、"解し機"内部の衛生面での改善を実施（写真 8.5）。
② 蒸し機について、温度計の改善や速度計の取り付け、警報装置の取り付けを行い、CCP である蒸し工程について、衛生面、管理面の改善を実施。
③ 前室やトイレを増設し、衛生面の改善を実施。
④ 各種倉庫の衛生面の改善を実施。

その 1 年後、課題は残るものの、食品安全に向けたハード面の改善が進んだ。一方、ソフト面では ISO 22000 活動の一貫として、作業マニュアルや洗浄マニュアルを整備したことが大きい。解し機の洗浄マニュアルを整備したことで、誰もが確実に衛生的な洗浄ができるようになった（写真 8.6）。そして 2011 年 4 月に、富士宮やきそばの製造メーカーの中でいち早く、ISO 22000 を認証取得した。

**写真 8.5** やきそば用蒸し麺の冷却工程

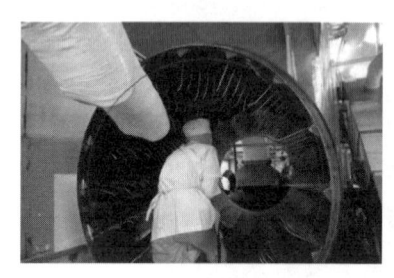

・解し機内は、お湯洗浄機で麺のカスを取る
・洗浄後、不織布で水分をよく拭き取る
・解し機内をアルコール消毒する

**写真 8.6** 解し機の洗浄マニュアル

　望月社長は 2012 年度の目標として、ISO 22000 の考え方をやきそば麺以外の全工場に展開して、マニュアルの作成やスキル管理を徹底することで、食品安全だけではなく生産性向上を実現しようとしている。

## 8.6　情報公開とリスクコミュニケーションが欠如すると

　情報公開とリスクコミュニケーションが欠如すると、どのような結果を招くのであろうか？　端的に言うと、その食品会社は隠ぺい体質を生む可能性が増えることになる。そのような体質は、経営層にとどまらず、食品工場の幹部から従事者に至るまで蔓延する。

　情報の隠ぺいは、現場担当者から現場責任者へのヒヤリハット項目の未報告から始まり、現場責任者から工場幹部への工程内不良項目や、不適合品の流出項目の未報告、また工場幹部から本社幹部への工場内での食品安全や品質にかかわる重要な項目の未報告、最後には本社幹部から広報を通しての行政や顧客および消費者への未報告に至るまで、ことの重要性の大小にかかわらず広範囲に及ぶことになる。

　このことは食品安全上、消費者に広範囲に危害を加える可能性がある場合でも、回収の

判断が遅れ、大きな事故につながる場合がある。さらに、この隠ぺい体質は、賞味期限の偽装などコンプライアンスの問題を発生させることがある。このことが、内部告発などでマスコミに流れた時の食品企業のイメージダウンは、周知の事実である。

この、内部告発が増えてきた要因は以下に挙げることができ、このような傾向はこれからも続くものと思われる。

① リストラ等で、不本意な気持ちで離職する人が増えた。
② 雇用契約の多様化により、会社に対する忠誠心が希薄な「非社員」の割合が増えた。
③ インターネット等、告白しやすい環境が整備されてきた。

以下に、過去に新聞紙上を賑わせた、いくつかのコンプライアンスと危機管理に関する事例を紹介しよう。

① 2000年6月、Y社の集団食中毒事件

　Y社大阪工場で製造された「低脂肪乳」を飲んだ子供が、嘔吐や下痢などの症状を呈した。大阪市内の病院から大阪市保健所に食中毒の疑いが通報され、保健所が大阪工場に製品の回収を指導した。この頃には各地から食中毒の情報が入ってきていたが、大阪工場は言を左右にして応じようとしなかった。その後、事件のプレス発表と約30万個の製品の回収が行われたが、既に対応は遅きに失しており、プレス発表後は被害の申告者が爆発的に増え、広範囲にわたって14,780人の被害者が発生するという前代未聞の集団食中毒に発展し、世間を震撼させた。

　原因は、大阪工場で製品の原料となる脱脂粉乳を生産していた北海道の大樹工場での汚染が原因であることが判明した。2000年3月31日、大樹工場の生産設備で氷柱の落下による3時間の停電が発生し、病原性黄色ブドウ球菌が増殖して毒素が発生していたことが原因であった。同社は、1955年にも八雲工場で同様な原因によるY社八雲工場脱脂粉乳食中毒事件を起こしており、事故後の再発防止対策にも不備があったと推測されている。

　このため、Y社グループ各社の全生産工場の操業が全面的に停止する事態にもなり、スーパーなど小売店からY社グループ商品が全品撤去され、ブランドイメージも急激に低下した。

② 2002年に発覚した、Y社・N社等の牛肉偽装事件

　2001年からBSE対策事業の一環として行われた国産牛肉買い取り事業を悪用し、複数の食肉卸業者が輸入牛肉を国産牛肉と偽り補助金を詐取した事件である。牛肉偽装に関しては、このほか販売店における産地偽装などが発覚した。

　また2005年には、I社が輸入豚肉にかかる差額関税制度を悪用し、関税を免れた豚肉約3,000トンを購入したとして、関税法違反（脱税品の購入）の罪に問われた。

③ 2002年5月発覚、D社の肉まん事件

D社が運営するドーナツチェーン店が、国内で使用が認められていない酸化防止剤が混入した中国製の肉まんを販売していた問題が発覚した。約1,300万個が販売されたが、混入を知りながら販売を続けたとして、元専務ら2人とD社が食品衛生法違反罪で略式起訴され、罰金20万円の略式命令を受けている。

④ 2007年1月、F社の期限切れ牛乳使用事件

2006年10月と11月、F社埼玉工場でシュークリームを製造する際に、計8回にわたって社内規定の使用期限が切れた牛乳を使用していた。このことは、社外プロジェクトチームの調査によって判明し、管理職など約30人に向けてこの件に関する報告書を配布していた。この報告書の中に「マスコミに知られたらY社の二の舞になることは避けられない」という表現があった。

結局このことは、2007年1月に、内部告発を受けた報道機関の手により公になった。翌日になって同社は、洋菓子の製造販売を一時休止する措置を取ったが、以降もずさんな食品衛生管理の事例が明らかになり、企業倫理に欠ける安全を軽視した姿勢や隠ぺい体質に対して、消費者から1,000件を超える苦情が殺到するなど批判が出た。

⑤ 2007年8月、I社の賞味期限偽装事件

I社のチョコレートクッキーの一部商品に、賞味期限を改ざんして販売していた商品があるとして問題となり、販売停止となった。在庫調整のため、一度表示した賞味期限を引き延ばし、再出荷した。また、大腸菌群が検出されたアイスクリームをそのまま出荷したなどとして、自主回収および100日の自主休業を実施した。JAS法に基づく立ち入り調査も実施された。

⑥ 2008年1月、中国製餃子薬物混入事件

中国製冷凍餃子を喫食した10名ほどに健康被害が発生した。原因物質は、有機リン系農薬成分であるメタミドホスと特定されたが、混入経路は日本と中国で見解が食い違い、長らく不明であった。しかし2010年3月、製造元の天洋食品の元臨時従業員が逮捕され、中国側で起きた個人的な犯罪であることが明らかになった。この結果、危機管理システムで今回のような事件を防止することは極めて困難と思われるが、日本の商社を通して冷凍食品等を輸入する場合、事前に現地工場の危機管理状況の調査や定期的な農薬検査のデータ要求はもとより、自社でも農薬検査を実施するなどの対策が講じられてきている。

以上、いくつかの事例を述べてきたが、これらは実際に発生した事故の一部であり、こ

れらの企業も事件発覚後は、社外調査委員会を設置するなど再発防止対策を入念に実施している。

それでは、今まで述べてきたような隠ぺい体質をなくしていくためには、どのような手段が考えられるのであろうか？　以下に、その方策を記述する。

① 経営層自らが、情報公開やコンプライアンスの重要性を認識し、ステークホルダー（利害関係者）や従業員へ、コンプライアンス遵守の方針を明確に伝える

② コンプライアンスを遵守するための会社の仕組みを構築する
　・コンプライアンス方針の設定と宣言
　・コンプライアンス担当役員または責任者の設置
　・従業員へのコンプライアンス教育の実施
　・コンプライアンス非遵守の場合の、罰則規定の制定
　・従業員の報告義務精度とホットラインの構築
　・消費者とのリスクコミュニケーションの実施

③ 工場等におけるクレームや不適合のＶＭ（目で見る管理）の実施
　　クレーム内容や賞味期限印字ミスの発見など重要な不適合について、従業員にＶＭボードで公開している食品会社もある。

以上の対策をその会社に合った形で導入していけば、会社全体での隠ぺい体質が改善され、透明性のある企業活動が展開されるであろう。

# 第9章　フードチェーンからバリューチェーンへの変革

　ここまで、マネジメント力向上の具体的な項目として、徹底した5S、VM（目で見る管理）、現場で活用する基準・マニュアル、品質KYT（危険予知トレーニング）、ポカヨケ活動、変化点管理、工程分析による生産性向上、リスク管理、現場教育などを紹介してきた。食品企業においては、これらの活動がただ単に食品を提供するだけではなく、さらなる付加価値をも生みだすための活動となること、つまりフードチェーンからバリューチェーンに変革するための手段となる。これらの活動を継続し、邁進していけば、きっと永続的に発展を続けられるであろう。

## 9.1　マーケティング3.0の時代

　現代マーケティングの第一人者として知られるフィリップ・コトラー（Philip Kotler）は、2010年に出された著書『マーケティング3.0』（『Marketing 3.0』(2010)）の中で、マーケティング1.0を「製品中心のマーケティング」、マーケティング2.0を「消費者志向のマーケティング」、マーケティング3.0を「価値主導のマーケティング」と位置付けている（図表9.1）。

　マーケティング1.0（製品中心のマーケティング）は、産業革命期の生産技術の進歩によって生み出された、産業革命時代の工業用機械が主流だった時代のマーケティングで、すなわち、工場から大量に生み出される製品を市場に売り込むことであった。マス市場向けに単一製品を大量生産することによって、生産コストをできる限り低くし、価格を下げることで、市場の拡大と市場シェアの獲得を図るものである。

　一方、マーケティング2.0（消費者志向のマーケティング）は、情報技術とインターネットが主流となった時代に登場した。消費者は十分な情報と知識を利用して、類似の製品を簡単に比較することができるようになり、自分の好みに合わせて製品やサービスを選択することができるようになった。消費者の嗜好は一人一人違うため、製品やサービスも個人に合わせた価値を求められるようになった。この場合のマーケティングの役割は、市場をセグメント化し、特定のターゲットに向けて他社より優れた製品を提供することにあった。しかし、このような消費者中心のアプローチは、消費者がマーケティング活動におい

**図表9.1** マーケティング 1.0、2.0、3.0 の比較

| | マーケティング1.0<br>製品中心の<br>マーケティング | マーケティング2.0<br>消費者志向の<br>マーケティング | マーケティング3.0<br>価値主導の<br>マーケティング |
|---|---|---|---|
| 目的 | 製品を販売すること | 消費者を満足させ、<br>つなぎとめること | 世界をより<br>よい場所にすること |
| 可能にした力 | 産業革命 | 情報技術 | ニューウェーブの技術 |
| 市場に対する<br>企業の見方 | 物質的ニーズを持つ<br>マス購買者 | マインドとハートを持つ<br>より洗練された消費者 | マインドとハートと精神<br>を持つ全人的存在 |
| 主な<br>マーケティング<br>コンセプト | 製品開発 | 差別化 | 価値 |
| 企業の<br>マーケティング<br>ガイドライン | 製品の説明 | 企業と製品の<br>ポジショニング | 企業のミッション、<br>ビジョン、価値 |
| 価値提案 | 機能的価値 | 機能的・感情的価値 | 機能的・感情的・<br>精神的価値 |
| 消費者との交流 | 1対多数の取引 | 1対1の関係 | 多数対多数の協働 |

(フィリップ・コトラー、ヘルマワン・カルタジャヤ、イワン・セティアワン、恩藏直人、藤井清美 (2010)『コトラーのマーケティング 3.0 ソーシャルメディア時代の新法則』朝日新聞出版 P.19 表 1-1 引用)

て、受動的である、という見方を暗黙のうちに前提にしてしまい、機能面での満足を充足できても、精神面での満足を充足させることは難しいものであった。

　最後に、マーケティング 3.0（価値主導のマーケティング）は、ニューウェーブの技術によって形成された消費者の集合知と企業が協働するようになり、商品やブランドは企業が一方的に作り上げるものではなくなっている状態を指す。ここでは、消費者は企業によってコントロールされる受動的な存在ではなく、自発的に世界をよりよい場所にしようと活動し、自分たちの問題を解決しようとするのである。

　すなわちマーケティング 3.0 においては、製品やサービスは、このようなマインド・ハート・精神を基準にして選ばれるようになり、消費者と信頼関係や感情的な結びつきといった関係を構築することが望ましいとしている。マーケティングの役割として求められているのは、消費者をコントロールすることではなく、むしろ消費者との協働によって消費を含めたあらゆる人間活動の高みを目指し、世界をよりよい場所にしていくという姿勢・心意気なのである。また、マーケティング 3.0 は、協働マーケティング、文化マーケティング、スピリチュアルマーケティング（精神の充足の意味）の3つの要素の融合であると言い、創造性・文化・伝統・環境といった分野で価値創造に参画できる企業こそ、ソーシャルメディア時代の勝者となると教えている。

## 9.2 近江商人の「三方よし」とポーターの「共有価値」

　日本においてもマーケティング3.0の考え方は、江戸期から明治期にかけて、近江商人により実践されてきた。彼らは近江（現在の滋賀県）に本家を構え、近江国外での行商や出店経営に従事し、広域志向の他国出稼ぎをして成功していた。近江商人の行商は、主に関東・中部・東北で産業振興に寄与した。彼らの商業形態は、行商により資産を蓄積し、重要拠点に出店を開き、枝店とともに全国各地の物資を転々と流通させ、莫大な商業利潤を得るというものであった。

　近江商人は他国で商売をし、やがてそこで開店することを重視しており、活動地域の人々の信頼を得ることが何より大切であった。そのための心得として説かれたのが、売り手よし、買い手よし、世間よしの「三方よし」である。この、当事者だけでなく世間のためにもなるものでなければならないことを強調した「三方よし」と、密かに善い行動を行う「陰徳善事」の考え方は、近江商人の行動規範となっていった。

　「三方よし」の精神は、CSR（Corporate Social Responsibility：企業の社会的責任）の先駆けとよく言われる。近江商人は、活動地域の人々のために、橋を架けたり道路を補修したりして地域に溶け込む努力をした。「三方よし」の「世間」は、進出先の利害関係のある「地域社会」である。このように、全方位に気を配り、消費者との協働によって、消費を含めたあらゆる人間活動の高みを目指し商売を進めていくことが、マーケティング3.0につながるポイントとなるのである。

　一方、「競争の戦略」で著名な経営学者マイケル・ポーターは、米ハーバード・ビジネスレビュー誌2011年1・2月合併号に「Creating Shared Value（共有価値の創造：CSV）」を発表した。この中で、「企業の目的は、短期的な財務業績の最大化でないことは言うまでもないが、企業の周辺的活動としてのCSR重視だけでもない。共有価値とは、企業が社会のニーズや問題に取り組むことで社会的価値を創造し、その結果、経済的価値が創造されることである。」と述べている。

　フィリップ・コトラーが提唱する「マーケティング3.0」、マイケル・ポーターの「共有価値の創造」、そして近江商人が実践した「三方よし」の中の「世間よし」は、いずれも共通の考え方である。これからの企業は「共有価値の創造」をも総合的に検討し、新たな社会関係に注目して、企業の長期的な成功を目指す視点を組み入れたマーケティング戦略を構築することを目指したい。すなわち、企業独自の資源や専門性を活かして、社会的価値を創出することで経済的価値を生み出すのである。そのためには、以下の3つの検討項目が挙げられる。

　① 製品価値と市場を見直す

② 共有価値の考え方によりバリューチェーンを見直す
③ 企業が拠点を置く地域を支援する産業クラスター（特定分野における関連企業、専門性の高い供給業者、サービス提供者、大学や業界団体、自治体などが地理的に集中し、競争しつつ同時に協力している状態）をつくる

## 9.3　フードチェーンからバリューチェーンへ

　それでは、食品企業にとっての「共有価値の創造」とは、どのようなものなのであろうか？　それを考える前に、まずフードチェーンについて解説する。

　フードチェーンとは、食料の一次生産から最終消費までの流れのことである。つまり、食品やその材料の生産から加工・流通・販売までの一連の段階および活動のことであり、ISO 22000においては、フードチェーン全体を通じて効果的な相互コミュニケーションを確実にし、最終消費者に安全な食品を届けるため、フードチェーン内における組織の役割および位置の認識が不可欠であるとしている（図表9.2）。食品安全においては、このフードチェーンを意識して食品安全に関する課題や緊急事態に対応していくべきであるが、食品企業の在り方を考える際には、このフードチェーンにおいて「三方よし」と「共有価値」を考慮すればよいことになる。そのことが、食品企業における共有価値の創造につながるのである。

　すなわち、売り手（自社）よし、買い手（顧客である食品企業やスーパーなどの小売、消費者）よし、世間（農家などの生産者、原料メーカーなどの協力業者）よしとなり、これら三方に配慮した企業活動によって、その食品企業が繁栄するということになる。このことが、"フードチェーンからバリューチェーンへの転換を図る"ということなのである（図

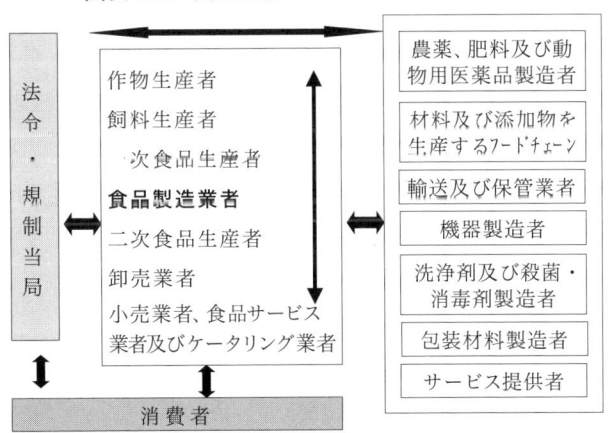

**図表9.2　食品企業におけるフードチェーン**

| 法令・規制当局 | 作物生産者<br>飼料生産者<br>一次食品生産者<br>**食品製造業者**<br>二次食品生産者<br>卸売業者<br>小売業者、食品サービス業者及びケータリング業者 | 農薬、肥料及び動物用医薬品製造者<br>材料及び添加物を生産するフードチェーン<br>輸送及び保管業者<br>機器製造者<br>洗浄剤及び殺菌・消毒剤製造者<br>包装材料製造者<br>サービス提供者 |
|---|---|---|
| | 消費者 | |

（出典：ISO 22000：2005）

**図表 9.3　食品企業のバリューチェーン体系**

| 売り手（自社）よし | 買い手（顧客・小売）よし |
|---|---|
| ・5S／VM活動<br>・多能化の推進<br>・生産管理システムによる生産性向上<br>・品質管理システムによる品質向上 | ・リスク管理体制構築<br>・FSSC22002システム構築<br>・生産管理システムによる納期遵守<br>・品質管理システムによるクレーム削減 |
| **世間（農家、協力業者）よし** | **買い手（消費者）よし** |
| ・地産地消の推進<br>・農家の生産性向上支援<br>・協力業者の品質向上・生産性向上支援<br>・フードチェーンでのリスク管理体制構築 | ・消費者への情報公開<br>・リスクコミュニケーションの推進<br>・緊急事態への迅速対応<br>・品質管理システムによるクレーム削減 |

中央：バリューチェーンの構築

表9.3）。以下に、食品企業における売り手よし、買い手よし、世間よしの「三方よし」を考慮したバリューチェーンの詳細を説明する。

　まず、「売り手よし」であるが、これは企業として存続するために生産性を向上させて適正利潤を出し続けていくことに他ならない。そのためには、5S活動の推進（本書第5章）、VM活動の推進（第2章）、多能化の推進（第2章）、生産管理システムによる生産性向上（第3章・第5章）、品質管理システムによる品質向上（第3章・第4章）が欠かせない。

　次に、食品メーカーである顧客や食品小売などに向けた「買い手よし」であるが、これは、顧客から信頼を得る企業として存続し続けていくことに他ならない。そのためには、リスク管理体制構築（第7章）、FSSC 22002システム構築（第6章）、生産管理システムによる納期遵守、品質管理システムによるクレーム削減が必要となってくる。

　またもう一方の、消費者に向けた「買い手よし」であるが、これは消費者から信頼を得る企業として存続し続けていくことに他ならない。そのためには、消費者への情報公開およびリスクコミュニケーションの推進（第8章）、緊急事態への迅速対応（第7章）、品質管理システムによるクレーム削減が必要となってくる。

　最後に、「世間よし」であるが、食品企業にとっての対象は、フードチェーンを構築する地元の農家や協力業者、そして地域住民ということになる。そのためには、地産地消の推進、買入れ農家の生産性向上支援、協力業者の品質向上・生産性向上支援、フードチェーンでのリスク管理体制構築などが挙げられる。これらの事例については、次項で説明する。

## 9.4 食品企業にとっての「世間よし」

　まず、食品企業の「地産地消」についての取り組みを紹介したい。「地産地消」とは、「地元で生産されたものを地元で消費する」という意味である。近年、消費者の農産物に対する安全・安心志向の高まりや、生産者の販売の多様化が進む中で、消費者と生産者を結び付ける「地産地消」への期待が高まってきている。国においても、地産地消を食料自給率の向上に向け、重点的に取り組むべき事項として積極的に推進している。

　また、地産地消は、地域で生産された農産物を地域で消費しようとする活動を通じて、農業者と消費者を結び付ける取り組みであり、これにより、「生産者の顔が見え、話ができる」関係と地域の農産物・食品を購入する機会を消費者に提供するとともに、地域の農業と関連産業の活性化を図ること、と位置付けている。また、輸送コストや鮮度、地場農産物としてアピールする商品力、子どもが農業や農産物に親近感を持つ教育、さらには地域内の物質循環といった観点から見て大いにメリットがある。また、消費者と産地の物理的距離の短さは、対面コミュニケーション効果もあって、消費者の「地場農産物」への愛着心や安心感が深まることになる。

　地産地消の主な取り組みとしては、直売所や量販店での地場農産物の販売、学校給食、福祉施設、観光施設、外食・中食、加工関係での地場農産物の利用などが挙げられる（図表9.4）。筆者が知っている事例を挙げてみると、静岡県の製茶加工企業（株）マルモ森商店は静岡県産の荒茶を使用しているし、茨城県の菓子製造業（株）つかもとは茨城県産のさつまいもを原料に使用している。また、富士宮市の給食弁当業者（株）大富士は敷地に隣接して畑を耕し、新鮮な野菜を提供している。

　前述したマイケル・ポーターの「Creating Shared Value（共有価値の創造：CSV）」には、ネスレが中米にプレミアムなコーヒー栽培農家を育成することで、中米農業社会の強

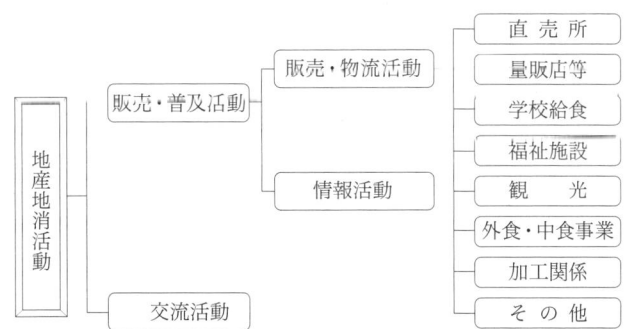

**図表9.4** 地産地消活動の体系

(出典：「地産地消推進検討会中間取りまとめ」より抜粋（地産地消推進検討会）)

化に貢献するとともに、自社商品の付加価値を高めている、という事例等が挙げられている。すなわち、農業・地域開発を通して地元へ雇用を提供し、持続可能な生産方法を奨励し、また、小規模サプライヤーや仲介業者から直接買い付けを行うことで、原材料の供給と品質を確保するだけでなく、地元経済と農村の人々の生活水準に、長期にわたるプラスの影響を与えることを目指しているのである。

食品企業における地元農家の支援の取り組みとして、筆者が知っている事例を挙げてみると、岐阜県の漬物の素製造業者である厚生産業(株)は、農産物直売所において地元農家の野菜の隣に自社の漬物の素を置くことにより、野菜の売り上げを伸ばすとともに自社製品を買ってもらうことで、全体の売上に貢献している。また岩手県の菓子メーカーでは、和菓子に使用する紫蘇の葉の農家に対して、歩留まり向上のために生産指導をしている。つまりここでは、食品企業と地元農家との間に、Win–Win の関係を構築することで双方の利益を生み出しているのである。

次に、フードチェーンでのリスク管理体制構築についてであるが、代表的な項目として、牛肉と米のトレーサビリティの法規制が挙げられる。牛肉については BSE 問題、米については事故米問題に端を発しているわけであるが、米加工品製造業者については、名称・産地・数量・搬入年月日・搬出年月日・取引業者名など入出荷の記録の作成、および記録の保存が 2010 年より義務付けられている（図表 9.5）。

また法規制がなくても、食品製造業者はトレーサビリティのリスク管理をしていることは周知の事実である。フードチェーンを構成する企業において、食品の品質と安全に配慮

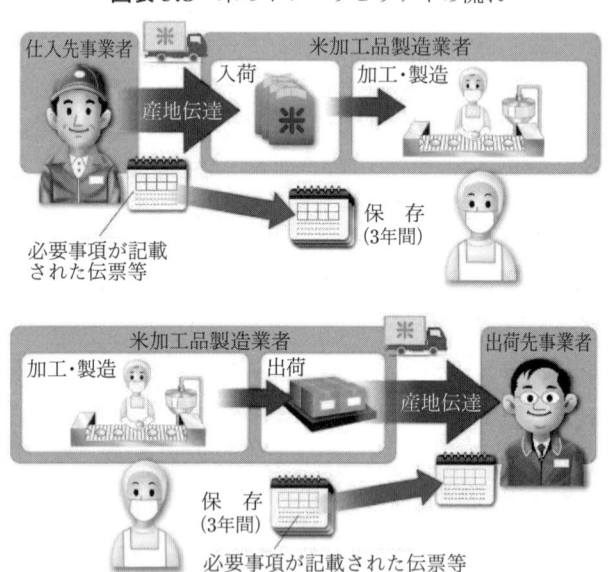

**図表 9.5** 米のトレーサビリティの流れ

（出典：「お米の流通に関する制度」より抜粋（農林水産省））

していないところはやがて淘汰されるであろう。また、仕入れ業者との信頼に基づいて安全性を確保したいというニーズが多いことも事実である。

安全な食品は、フードチェーン全体のプロセスを適切に管理することで初めて得られるものである。したがって、フードチェーンにおける管理を厳格にし、強化することは時代の要請であり、企業にとって急務である。製品、原材料（多くの場合はその原産地、由来も）を識別できることは、消費者にとって有益であることは間違いない。

また、企業にとっても万一の事故発生時には、迅速かつ正確なリコールシステムが必要となることから、国際規格 ISO 22005 による製品認証「食品トレーサビリティ認証」が 2007 年から開始されている。認証マークは、製品の包装や製品そのものに表示することが可能となっており、農場から食卓まで、食品にかかわるあらゆる企業の活動を認証の対象としている。

## 9.5　食品産業の将来に向けて

農林水産省は 2012 年 3 月の「食品産業の将来ビジョン」において、食品関連産業全体の市場規模（国内生産額）を 2020 年に 2009 年に比べて 23 兆円増の 119 兆円に引き上げるという目標を提示した（図表 9.6）。またこの中で、食品産業の目指すべき方向として「消費者（ライフスタイル）」「地域」「グローバル」の 3 つの視点を示している。

1 番目の視点は、食品産業の事業活動を単なる「物」の供給でなく、幅広いライフスタイルの提案として捉え、研究・商品開発力を強化し、消費者の嗜好の変化や実態等を正し

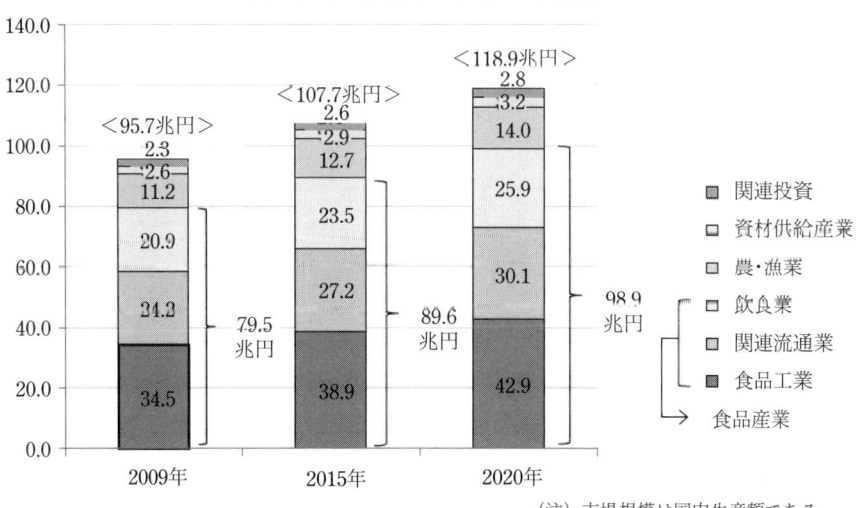

**図表 9.6**　食品関連産業の市場規模

| 年 | 関連投資 | 資材供給産業 | 農・漁業 | 飲食業 | 関連流通業 | 食品工業 | 合計 |
|---|---|---|---|---|---|---|---|
| 2009年 | 2.3 | 2.6 | 11.2 | 20.9 | 24.2 | 34.5 | 95.7兆円 |
| 2015年 | 2.6 | 2.9 | 12.7 | 23.5 | 27.2 | 38.9 | 107.7兆円 |
| 2020年 | 2.8 | 3.2 | 14.0 | 25.9 | 30.1 | 42.9 | 118.9兆円 |

食品産業：2009年 79.5兆円、2015年 89.6兆円、2020年 98.9兆円

（注）市場規模は国内生産額である。
（出典：「食品産業の将来ビジョン」より抜粋（農林水産省））

く認識し、新たな付加価値を生む商品、サービスを開発することが重要だとしている。2番目の視点は、自らが立地する地域の魅力をフル活用した事業展開を行うこと、すなわち地産地消の新たな展開である。3番目の視点は、今後成長する新興国、特に「食」の親和性の高いアジア市場への展開を積極的に行うことで、市場を開拓するというものである。

　将来的には、日本の食品製造業は、自動車産業や電気機械産業に取って代わる雇用創出を担っており、日本にとってこれからの期待は大きい。ただ、今後は少子高齢化に伴う国内市場の縮小をはじめ、安全・安心の要求に応えるための管理コストの上昇、調達リスクの高まりなど課題も多く、食品企業として品質向上、生産性向上を果たすのはもちろんのこと、戦略面でも「三方よし」や「共有価値の創造」を介して、新たなバリューチェーンを築いていくことが求められている。これはまさにフードチェーンからバリューチェーンへの変革である。このことを基軸として邁進していけば、きっと100年、200年と永続的に発展を続けられるであろう。

## 【参 考 文 献】

1. 五十嵐瞭編『工場全部門の「目で見る管理」大事典』日刊工業新聞社（2004 年）
2. 五十嵐瞭編『まるごと工場コストダウン事典』日刊工業新聞社（2008 年）
3. 静岡県経済産業部農林業局茶業農産課『2012 年静岡茶の安全・安心に向けて』（2012 年）
4. 長沢伸也「品質原価計算とゼロエミッション」『品質管理』50 巻 6 号（1999 年）
5. 『ISO22000:2005 食品安全マネジメントシステム』日本規格協会
6. 『FSSC22000:2010（Food Safety System Certification 22000）』鶏卵肉情報センター
7. 内閣府防災担当『事業継続ガイドライン』（2005 年）
8. 中小企業庁『中小企業ＢＣＰ（事業継続計画）ガイド』（2008 年）
9. 『BS25999-2-2007 事業継続マネジメント』日本情報経済社会推進協会
10. 中部経済産業局『技術流出防止マニュアル』（2009 年）
11. 厚生労働省医薬食品局食品安全部基準審査課『食品中の放射性物質の新たな基準値について』（2012 年）
12. 文部科学省『放射線による影響』（2011 年）
13. 農林水産省『農地土壌中の放射性セシウムの野菜類及び果実類への移行の程度』（2011 年）
14. 笠松不二男『海洋生物と放射能』RADIOISOTOPES, 48, 266-282（1999 年）
15. 唐木英明『食品の安全と消費者の不安』（2008 年）
16. 地産地消推進検討会『地産地消推進検討会中間取りまとめ』（2005 年）
17. 農林水産省「米トレーサビリティ法の概要」『お米の流通に関する制度』ホームページ
18. 農林水産省『食品産業の将来ビジョン』（2012 年）
19. 恩藏直人監訳・藤井清美訳『コトラーのマーケティング 3.0 ソーシャルメディア時代の新法則』朝日新聞出版（2010 年）
20. 小倉榮一郎『近江商人の経営管理』中央経済社（1991 年）
21. 末永國紀『近江商人学入門』淡海文庫（2004 年）
22. マイケル・ポーター『Creating Shared Value』米ハーバード・ビジネスレビュー誌（2011 年）
23. 三上富三郎『共生の経営診断』同友館（1991 年）

● 著者紹介

山崎　康夫（やまざき　やすお）

| | |
|---|---|
| 1979 年 | 早稲田大学理工学部 卒業 |
| 1983 年 | オリンパス光学工業株式会社 入社 |
| 1997 年 | 社団法人中部産業連盟 入職<br>主に食品製造業に対して、ISO9001、ISO22000、PAS220、有機JAS、新工場建設、生産性向上、工場活性化などの講演・指導に従事。 |
| 2002 年 | 東京造形大学 非常勤講師 経営計画専攻 |
| 現　在 | 一般社団法人 中部産業連盟 上席主任コンサルタント |

全日本能率連盟認定マスター・マネジメント・コンサルタント
品質システム審査員／環境システム審査員
中小企業診断士

本著書についての問合せは、yamazaki@chusanren.or.jp
または、yas_yam@nifty.com

---

食品工場の生産性向上とリスク管理

2012 年 9 月 30 日　初版第 1 刷発行

著　　者　　山崎康夫
発 行 者　　桑野知章
発 行 所　　株式会社 幸書房
〒 101-0051　東京都千代田区神田神保町 3-17
TEL 03-3512-0165　FAX 03-3512-0166
URL　http://www.saiwaishobo.co.jp/

組　版：デジプロ
印　刷：シナノ

Printed in Japan. Copyright Yasuo YAMAZAKI 2012.
無断転載を禁じます。

ISBN978-4-7821-0368-5　C3058